AF278057

El lado oscuro del universo

Hervé Dole

El lado oscuro
del universo

Prefacio de Pierre Léna,
miembro de la Académie des sciences

Con la colaboración de Ludovic Ligot
Traducción de Miguel Paredes Larrucea

Alianza editorial
El libro de bolsillo

Título original: *Le côté obscur de l'univers*

Diseño de colección: Estrada Design
Diseño de cubierta: Manuel Estrada
Ilustración de cubierta: © ACIonline/Bridgeman
Selección de imagen: Carlos Caranci Sáez

PAPEL DE FIBRA
CERTIFICADA

© Dunod 2020, nueva edición, Malakoff
© de la traducción: Miguel Paredes Larrucea, 2025
© Alianza Editorial, S. A., Madrid, 2025
   Calle Valentín Beato, 21
   28037 Madrid
   www.alianzaeditorial.es

ISBN: 978-84-1148-948-5
Depósito legal: M. 169-2025
Printed in Spain

Si quiere recibir información periódica sobre las novedades de Alianza Editorial, envíe un correo electrónico a la dirección: alianzaeditorial@anaya.es

Índice

Prefacio

¿Podemos imaginar lo que sentían los primeros humanos cuando, al ponerse el sol, en días de cielo claro y luna nueva, caía la noche sobre la sabana africana donde habitaba el *Homo sapiens*? En la incipiente oscuridad iban emergiendo una a una las primeras estrellas, antes de que el cielo entero se cubriera de ellas y su lento movimiento de este a oeste fuese apagando unas para iluminar otras. ¿Tenían miedo de esta oscura y moviente claridad? ¿Les invadía el asombro, o tal vez una trémula emoción ante este espectáculo sin igual? No nos es fácil imaginar esa noche primitiva y su misterio, poblado de voces de animales que mucho más tarde encontraron su lugar en los nombres de las constelaciones. Durante miles de años, la experiencia de esta noche luminosa alimentó los sentimientos de los humanos, sus poesías y sus sueños, sus preguntas científicas y sus filosofías. Pero hoy día esta oscuridad fecunda y profunda se ha convertido por desgracia en un bien escasísimo, incluso más escaso que el silencio. Muchos de nuestros coetáneos no han sentido nunca la noche, le tienen miedo, piden a los concejales del más pequeño pueblo de montaña o de cualquier ciudad que inunden las calles de luz artificial. Y muchos niños crecen huérfanos de esta experiencia fundamental, sin ver jamás una estrella (aparte del Sol) como no sea en las pantallas. Hemos perdido la noche, los astrónomos difícilmente la encuentran ni siquiera en las cimas de las altas montañas del desierto, mientras disipamos al espacio, en pura pérdida, los megavatios de la iluminación urbana. Pero al final, ¿por qué es negra la noche?

Este libro de Hervé Dole nos restituye el poder evocador de la oscuridad, lleva al lector a un fascinante viaje para explorar la cara oscura del universo. Partiendo de esta pregunta secular, ofrece la solución, muy reciente, del enigma, exponiendo lo esencial de la cosmología actual, es decir, de nuestra representación del universo en su totalidad —un pleonasmo—. Su relato nos esclarece, y es como si quisiera ilustrar para el lector las palabras de Saint-John Perse: «Me llamaban El Oscuro y yo habitaba en la claridad...». Y he aquí que el enigma de la noche oscura, resuelto, se abre a otros enigmas fascinantes que el autor nos presenta con talento y a veces con humor: los de la materia y la energía oscuras. Así avanza la ciencia en su incesante desvelamiento de la realidad que nos rodea.

Profesor de la Universidad de París-Sur, el autor ha vivido durante mucho tiempo las preguntas de sus alumnos, sus dificultades para imaginar estos fenómenos tan lejanos en el espacio y en el tiempo. Como conferenciante, no escatima ningún esfuerzo para comunicar estos preciosos conocimientos a toda clase de públicos. Pero sobre todo, siendo como es él mismo investigador, participante y actor en las grandes misiones espaciales de cosmología observacional como Spitzer y Planck ayer y Euclid mañana, ha construido instrumentos y preparado estas misiones, ha analizado las señales recibidas de estos observatorios y ha interpretado la valiosa información que contenían. Ha vivido, a la escala de una gran cooperación internacional, las emociones y la potencia del trabajo en equipo. Sabe compartir con el lector las esperanzas, alegrías y dificultades de su profesión, e ilustra incluso puntualmente su testimonio de la vida cotidiana con los correos electrónicos recibidos. Con él vivimos algunos momentos de las tres últimas décadas, tan fecundas, y compartimos las nuevas preguntas que plantean: lo oscuro no se deja eliminar tan fácilmente...

Hervé Dole es consciente de los límites del saber científico que es el suyo. Porque no ignora la profundidad de las cuestiones metafísicas o religiosas que puede suscitar esta contemplación científica del universo. Sabe así distinguir entre lo que es del orden de la ciencia, tratado en este libro, y lo que es del orden de la experiencia espiritual y de la búsqueda de sentido, que él respeta y que habitan, tanto como la racionalidad, en todo ser humano.

¡Cuánto más rica es una meditación sobre el universo cuando puede tener lugar en un paisaje marcado por la ciencia, y por una ciencia cuyos principios comprendemos! Astrofísico apasionado y pedagogo, Hervé Dole no cesa de proponer este paisaje, ya se trate de niños de guardería o de estudiantes de bachillerato, de astrónomos aficionados o de estudiantes de doctorado. Su sitio web bien merece una visita, ya que muestra cómo hoy en día un verdadero científico ejemplifica estas líneas escritas por Isaac Newton a un amigo unas semanas antes de su muerte: «No sé lo que yo le pareceré al mundo, pero a mí me parece haber sido solo un niño jugando en la playa, y divirtiéndome en encontrar de vez en cuando un guijarro más liso o una concha más bella que de costumbre, mientras que el gran océano de la verdad se extendía ante mí sin descubrir».

Pierre Léna, agosto de 2017
Miembro de l'Académie des sciences

A Aline, Caroline y Maryse, que me inspiran.
A la memoria de Bernard Dole.

Prólogo.
Una aventura humana y científica

La idea de este libro germinó progresivamente, durante las numerosas conferencias que he dado en escuelas, universidades, asociaciones y ante públicos profanos, y gracias a los enriquecedores debates entablados a continuación. La idea se afinó en discusiones con mis alumnos de la Universidad París-Sur de Orsay, donde enseño física y cosmología. También tuvieron algo que ver algunas de las tonterías vertidas por pseudocientíficos en los medios de comunicación. Después de pensármelo un poco y de discutirlo con colegas investigadores, se me ocurrió que la respuesta más elegante sería ponerme a escribir yo mismo, con resultados quizá menos sensacionales, pero sin duda más serios. Por último, mi participación en misiones espaciales de la NASA y la ESA, en particular la extraordinaria aventura de Planck y la de Euclid, me convenció finalmente para compartir esta emulación científica e intelectual pero también humana y técnica (aspectos estos últimos que se mencionan con menos frecuencia).

Mi ambición es por tanto contar «desde dentro» una parte de los resultados sobresalientes de la ciencia contemporánea, así como explicar algunos de los interrogantes que nos planteamos a diario. El lector encontrará en este libro un relato de experiencias personales y sensibles (como la indescriptible emoción provocada por el lanzamiento de una misión espacial en la que participé), así como elementos de respuesta a la cuestión de para qué sirve enviar satélites para observar el universo. El núcleo de mi exposición concierne a la cosmología de los siglos XX y XXI, con un foco en la misión europea Planck, que ha analizado la radiación fósil —residuo luminoso del Big Bang— con una precisión inigualada. Gracias a estas medidas, los investigadores han logrado establecer una tarjeta de identidad precisa del universo —su edad, su composición, su evolución— y han podido aclarar episodios particularmente oscuros, como la inflación cósmica o la época de la reionización.

Como astrofísico especialista en cosmología observacional he tenido la oportunidad de coordinar un grupo de unos cien investigadores (repartidos por más de diez países) para organizar el análisis de los datos de Planck relativos a las galaxias. Actualmente coordino una parte de la arquitectura del futuro análisis de datos de Euclid. Como actor y observador privilegiado de campos relacionados con los míos, he trabajado con muchos investigadores implicados en proyectos encaminados a comprender la naturaleza y la historia de nuestro universo, sus leyes fundamentales y sus constituyentes, entre ellos las enigmáticas materia y energía oscuras.

Por tanto, qué más natural que querer compartir este formidable hervidero de ideas, de tecnologías, de preguntas, dudas y discusiones. Este compartir de conocimientos y experiencias entre los científicos y la sociedad, plasmado aquí en forma de libro, me es particularmente caro. Desde hace una veintena de años me reúno con alumnos (de primaria, secundaria o universitarios) y con el público en general con el deseo y la exigencia de transmitir y compartir nuestros conocimientos sin desnaturalizarlos y, a cambio, comprender las preguntas y el punto de vista de los ciudadanos. La ciencia y todas las demás formas de reflexión intelectual y sensible (artística, cultural, etc.) forman parte de un proceso común de interrogación sobre el mundo, sobre nuestra sociedad y sobre nosotros mismos.

Integrante actualmente del equipo de dirección de una gran universidad, participo activamente en la promoción de este diálogo entre ciencia y sociedad y en una mejor mezcla de cultura científica y cultura sin más. En el momento actual de los «hechos alternativos», cuando algunos conceden el mismo crédito a una creencia o una opinión que a hechos científicos establecidos, se trata de cruzar diversas visiones del mundo a fin de formar ciudadanos libres, críticos, realizados e independientes. Nada menos que un verdadero proyecto republicano.

Si el lector descubre aquí la cosmología, debe prepararse para un gran salto a la historia mal conocida de las concepciones del universo y a su lado oscuro, para ver los retos con que se enfrentan los investigadores en su afán por desentrañar sus misterios. Si, por el contrario, está familiarizado con ella, puede que le sorprenda la riqueza de los recientes avances. En este libro (que podría haberse titulado «52 sombras de universo con Planck», como se comprenderá en los capítulos 2 y 5), es posible que el lector desee saltarse algunos párrafos o capítulos —independientes del resto— a partir del capítulo 6, si encuentra conceptos que le parecen demasiado difíciles, en la segunda mitad del libro. Partamos ahora juntos a descubrir el lado oscuro de nuestro universo. Aunque no habrá muchas menciones de *La guerra de las galaxias* en este libro, ¡que la fuerza os acompañe para no caer demasiado rápido en el lado oscuro!

1. Primero, lo espacial

Desde su desarrollo hasta su funcionamiento, un telescopio espacial es una aventura colectiva a largo plazo, llena de tensión y suspense. La etapa crítica del lanzamiento suscita siempre una emoción especial. Para comenzar este viaje me gustaría por tanto hablar de los tres telescopios que han marcado mi carrera y revivir sus lanzamientos. Tres... dos... uno... ¡despegue!

Viernes 17 de noviembre de 1995, sede de la Agencia Espacial Europea (París)

En el otoño de ese año empiezo un DEA en astrofísica (quinto curso universitario, equivalente al actual Máster 2) y casi todas las asignaturas me apasionan. Entre los temas de actualidad, los profesores-investigadores nos hablan del ISO (Infrared Space Observatory, Observatorio Espacial Infrarrojo), un satélite que se va a lanzar muy pronto. Desarrollado por la Agencia Espacial Europea (ESA, European Space Agency), será el primer telescopio espacial europeo que observará en el infrarrojo (luz más allá del rojo, en este caso entre 2 y 240 micras de longitud de onda).

Este satélite promete hacer muchos descubrimientos sobre los objetos «fríos» del universo, desde el sistema solar hasta las galaxias más lejanas. Algunos de los instrumentos han sido diseñados y desarrollados en Francia, con el apoyo de la agencia espacial francesa, el CNES (Centre national d'études spatiales). Los científicos —y los franceses en particular— tienen depositadas grandes esperanzas en el ISO, porque han elaborado un ambicioso programa aprovechando al máximo el potencial excepcional de los instrumentos. La ganancia esperada con respecto a las misiones anteriores es inmensa: una resolución angular unas 100 veces mejor y una sensibilidad 1000 veces mayor.

Reunimos a un grupo de estudiantes y pedimos a los investigadores poder asistir con ellos al lanzamiento del ingenio, retransmitido en directo en la sede de la ESA. La petición es rápidamente aceptada y nuestros nombres son añadidos a la lista de invitados. Así, en una fría tarde de noviembre, henos aquí, pasada la medianoche, esperando en un café parisino. Por fin entramos en la Agencia, un lugar mágico a nuestros ojos.

Muy intimidados, ocupamos nuestros asientos y escuchamos con atención la información técnica procedente del Centro Espacial Guayanés (CSG) en Kourou. En el rostro de nuestros profesores y del público vemos reflejada la tensión y la importancia de lo que está en juego, que evidentemente la jerga técnica no deja entrever. En la punta de la lanzadera Ariane 4 hay unos quince años de trabajo tecnológico y científico de primer orden, y este vuelo (el V80) va a decidir todo lo que sigue... Esta experiencia única, con sabor a formación acelerada, dejó en mí una impresión duradera.

Son ahora las 2 de la mañana y la cuenta atrás comienza con normalidad. Hacia las 2:20 h, el DDO (director de operaciones) canta los últimos segundos en un silencio y una tensión inolvidables. *Cinco... cuatro... tres... dos... uno... ¡cero!* Se encienden los cuatro motores Vulcain de la primera etapa, seguidos cuatro segundos más tarde por los cuatro cohetes aceleradores sólidos, que producen un intenso fogonazo de luz. El cohete asciende en el cielo nocturno guayanés. Todo transcurre de acuerdo con lo previsto: la potencia, la trayectoria, el encendido de la segunda y la tercera etapa, la separación de los elementos. Alrededor de 20 (muy largos) minutos después del despegue tenemos la confirmación de que ISO se ha separado de la tercera etapa: ¡lanzamiento con éxito!

Los aplausos se funden con el alivio; la sala, que había estado como congelada durante casi media hora, revive: ¡qué contraste! Sigue habiendo cierta tensión, porque si bien el lanzamiento es esencial para el éxito de una misión, quedan otras etapas: hay que examinar el satélite para asegurarse de que funciona correctamente. Primera fase crucial: la apertura de las válvulas criogénicas del ISO, antes de verificar y probar sus cuatro instrumentos científicos. El satélite está equipado con una tecnología única de refrigeración criogénica (a temperaturas ultrabajas) del telescopio y de sus instrumentos: el helio líquido superfluido los mantiene a –269 °C, es decir 4 K (4 grados por encima del cero absoluto).

Esta noche en la ESA se sella mi destino. Al llegar a mi último año de universidad (antes del «santo grial» de financiar una tesis doctoral para seguir investigando) tengo ya un objetivo: participar en estos proyectos colectivos, las misiones espaciales que están revolucionando nuestra visión del mundo, vibrar por estos momentos de intensidad única. Aquella noche, un modesto estudiante decide hacer todo lo posible para trabajar en los datos de ISO...

La historia tiene una bella continuación. El satélite ha funcionado perfectamente, muy por encima de lo esperado: 28 meses en lugar de los 18 previstos. A pesar de unos estudios universitarios lejos de ser brillantes, terminé primero en el DEA, lo que me permitió formar parte del equipo de doctorado de Richard Gispert y Jean-Loup Puget en Orsay, donde trabajé entre otras cosas en ISO (y un poco ya en el proyecto del satélite Planck).

Lunes 25 de agosto de 2003, Cocoa Beach (Florida, EE UU)

La tesis queda ya lejos. Desde hace casi tres años trabajo en la Universidad de Arizona en el sucesor de ISO, una misión de la NASA llamada SIRTF (Space Infrared Telescope Facility). El instrumento es más grande, sus detectores más amplios y sensibles, y dispone de un sistema criogénico más potente que llega hasta 1,6 K. Muy implicado en el equipo de los profesores George y Marcia Rieke, que idearon una de las cámaras de infrarrojos (MIPS, la más innovadora de aquella época), me ocupo de una parte del tratamiento automatizado de datos, y sobre todo de las así llamadas observaciones «profundas» del cielo. Los objetivos son descubrir nuevas galaxias lejanas y comprender mejor la formación de las estrellas y galaxias.

Tras varios aplazamientos del lanzamiento de SIRTF (uno de ellos nos costó el sitio en la punta de la lanzadera, en beneficio del Mars Exploration Rover), henos aquí en Florida hacia finales de agosto para el tan esperado acontecimiento. Todo el equipo se aloja en un hotel de Cocoa Beach, a varios kilómetros de Cabo Cañaveral, el lugar del lanzamiento; desde el último piso se ve a lo lejos «nuestro» cohete.

Durante el día visitamos el mítico Kennedy Space Center. Me acuerdo de otra visita en Florida —estado conservador del sur— donde encontré un edificante mensaje que una iglesia había puesto al borde de la carretera: *«Big Bang theory? You must be kidding!»* (¿La teoría del Big Bang? Estás de broma, ¿no?). Es justamente para evitar estas amalgamas y oposiciones estériles y difundir la cultura (en sentido amplio) por lo que se esfuerzan muchos científicos y por lo que las misiones espaciales van acompañadas de ambiciosos programas de difusión de los conocimientos y de comunicación científica.

La tarde de marras nos reunimos en un restaurante. El ambiente es pesado, porque el lanzamiento de esa noche, previsto para la 1:30 h aproximadamente, es tan temido como esperado. Trabajo en esta misión desde hace tres años, pero hay colegas que le han dedicado veinte. Afortunadamente, George Rieke y otros saben distender el ambiente... La tarde es larga pero dulce, la temperatura estival y el cielo despejado, con algunas nubes. Para el lanzamiento hemos decidido no estar en el sitio oficial, sino quedarnos todo el equipo en la bella playa de Cocoa Beach, a algo más de 5,5 kilómetros. Tras un chaparrón que hace temer un aplazamiento, esperamos sobre la arena caliente y bajo las estrellas, en medio de la noche.

La tensión aumenta. A lo lejos, potentes focos iluminan la lanzadera Boeing Delta II Heavy, que el contenido de los reservorios (hidrógeno y oxígeno líquidos) baña de volutas blancas. Los ojos pegados al reloj, hacemos una cuenta atrás aproximada hasta la 1:35 h… y de pronto, en un perfecto silencio, un fogonazo disipa la oscuridad con su brillante blancura. La Delta se eleva en silencio y como en pleno día. Luego nos llega la onda de choque sonora: es el ruido ensordecedor de los seis cohetes aceleradores sólidos, con sus crepitaciones y vibraciones.

El cohete desaparece luego a una velocidad impresionante, que las retransmisiones de televisión no logran comunicar fielmente. Mientras los motores nos iluminan como en pleno día, el cohete se convierte en algunas decenas de segundos en un punto apenas más brillante que una estrella. La emoción y la alegría llegan a su punto máximo, los sentimientos se amontonan: liberación, maravilla, temor de un mal funcionamiento, orgullo de participar en semejante misión. En apenas algunos minutos el punto luminoso se apaga y parece querer pasar bajo el horizonte, más allá del océano… pero muy lejos de la superficie del planeta. Después de brindar con champaña («aprovechemos este maravilloso momento antes de que se nos echen encima posibles problemas») nos apresuramos al hotel para ver NASA TV, que difunde la información pertinente.

La continuación es bella: al igual que ISO ocho años atrás, SIRTF (rebautizado «Spitzer») funcionó durante más tiempo del previsto, a pesar de la pérdida de algunas zonas de los detectores (las vibraciones del despegue seccionaron cuatro cables). Tras la tensión y el éxito del lanzamiento, pasamos por intensos y estimulantes periodos de análisis y comprensión de los datos, que pueden cerrar áreas enteras de debate o relanzarlas con nuevas perspectivas. A pesar de noches con pocas horas de sueño, los retos y la emoción, la curiosidad y el trabajo de equipo en los proyectos espaciales dejan trazas indelebles: nos hacemos casi dependientes (en el sentido de adictos) de estas actividades...

Mayo de 2009, Instituto de Astrofísica Espacial (IAS)

De vuelta al Instituto de Astrofísica Espacial (Universidad de París-Sur) en Orsay, volví a encontrar con placer un antiguo amor llamado «Planck». Con ocasión de su lanzamiento (junto con el satélite Herschel) abrí un blog en el sitio de la revista *La Recherche*[1], con artículos redactados «en caliente», a veces llenos de emoción. He aquí esos artículos, corregidos mínimamente.

11 de mayo de 2009: D-3

En Orsay la preparación continúa. La mayoría de nuestros colegas (investigadores e ingenieros) se han ido a Kourou, pero somos muchos los que nos quedamos aquí. Algunos irán al ESOC (en Darmstadt, el centro de operaciones de la ESA) para el lanzamiento. Las últimas novedades de los satélites son buenas.

No descuidamos los aspectos de divulgación científica. Actualmente estamos muy solicitados por los periodistas y por los colegas entrevistados en la radio (que nos piden las últimas noticias o informaciones). Preparamos también la retransmisión en directo a Orsay en pantalla grande, a través de una línea especial del CNES. Los colegas del servicio informático se activan, a fin de que el personal del laboratorio y del campus pueda asistir a este momento excepcional que es el lanzamiento.

Aunque importante, no es más que una etapa de la misión. Una parte de la refrigeración del instrumento HFI se pondrá en marcha unas 5 horas después. Después habrá que efectuar una batería de pruebas durante la refrigeración pasiva del telescopio (lo que llevará aproximadamente dos meses) antes de que comience verdaderamente la parte científica. Planck/HFI dispone de un refrigerador muy perfeccionado, llamado «criogenerador», que refrigera los bolómetros (detectores de luz) a 0,1 K. Este sistema constituye un avance tecnológico importante, único en el mundo.

El ambiente en el IAS es bueno, se siente una emoción y una excitación como pocas veces. Todos tenemos nuestras reuniones, teleconferencias, lecciones..., lo habitual de cada día, pero todos pensamos en el lanzamiento, y todas las discusiones, sea sobre lo que sea, vuelven inevitablemente a él.

13 de mayo de 2009: D-1

Ya está: el carenado de Ariane 5 se acaba de cerrar sobre Herschel, Planck y SYLDA (SYstème de Lancement Double Ariane, una especie de campana en la que está colocado Planck, con Herschel por encima en el carenado). El lanzador ha sido declarado «apto para el servicio» y el calendario se respeta escrupulosamente. Mañana por la mañana, el lanzador y su preciosa carga serán llevados a la plataforma de lanzamiento. Allí se efectuarán algunas pruebas para comprobar el «buen estado» de Planck, para asegurarse de que todo funciona correctamente antes del lanzamiento.

Ni que decir tiene que el estrés sube de punto en los laboratorios. Nuestros colegas de Kourou nos envían buenas noticias (y el ron allí es bueno, según he oído). Como ha señalado Marian Douspis, también nos ocupamos de los aspectos festivos del lanzamiento en Orsay, para que todo el personal pueda compartir nuestras esperanzas, nuestra angustia y luego nuestra primera fase de alivio.

Volviendo al Planck/HFI (High Frequency Instrument), se trata de una especie de cámara formada por unos cincuenta detectores, bolómetros refrigerados. ¿Por qué bolómetros? Son detectores ultrasensibles a la radiación milimétrica, el rango que observa el HFI. Funcionan según el principio siguiente: un fotón llega al bolómetro, que absorbe la energía calentándose ligeramente. Este calentamiento se mide por la variación de la resistencia. Para funcionar de forma óptima, este sistema debe funcionar a una temperatura muy baja, en este caso 100 mK (0,1 K), es decir, alrededor de –273 °C.

El reto tecnológico consistió en desarrollar un sistema de refrigeración de alto rendimiento que pudiera alcanzar esas temperaturas de forma estable (había que excluir que las variaciones contaminaran las medidas), que funcionara en el espacio (es decir, en ausencia de gravedad), que fuese poco voluminoso, que tuviera una masa reducida, que fuese excepcionalmente fiable y, sobre todo, que soportara las fuertes vibraciones del lanzamiento.

Este sistema no tiene nada que ver con una refrigeración más clásica como la utilizada en el gran acelerador LHC (único en su tamaño, es cierto), que utiliza helio líquido a 4 K para enfriar toneladas de detectores. Planck/HFI utiliza tres sistemas de refrigeración. El más crítico (el que permite pasar de 4 K a 0,1 K) utiliza el principio de dilución helio-3/helio-4. Este sistema, único en el mundo, puede enfriar eficazmente un pequeño volumen en un experimento espacial, con total autonomía y en un entorno hostil, sin posibilidad de intervención. Aunque confiados, puedo afirmar sin temor a equivocarme que todos experimentamos un gran estrés antes del lanzamiento.

Mi colega François Pajot me ha llamado desde Kourou para decirme que Ariane ya está en la plataforma de lanzamiento. Durante todo el día, el personal in situ ha estado disfrutando de la vista del lanzador avanzando lentamente hacia su objetivo. El tiempo es bueno, a pesar de algunas tormentas. Así que todo va bien.

14 de mayo de 2009: Día D

Todo el mundo está excitado. Aparte de los pequeños fallos de comunicación entre dos laboratorios universitarios, estamos ocupados en responder a las preguntas de los periodistas que vendrán a comprobar el excelente ambiente del IAS, en colocar globos fuera del laboratorio para marcar la ubicación (nada fácil con lluvia), en comprobar las conexiones con Kourou. Lo que cuenta son las condiciones meteorológicas allí, que son excelentes.

H-1

El estrés aumenta. Afortunadamente, la visita de una amiga periodista de *La Recherche* nos da la oportunidad de presentar el laboratorio y la estación de calibración, de ver los paquetes de datos que llegan directamente del satélite aún «enchufado» (se desconectará de tierra unos 5 segundos antes del lanzamiento, momento a partir del cual la comunicación será inalámbrica). Estamos muy estresados, pero pasamos el tiempo lo mejor que podemos.

-3 minutos

Menos de 3 minutos antes, todo es estrés. La sala del IAS está repleta.

¡Ya está!

¡Nuestros bebés están volando y se han separado bien! ¡Qué emoción! Todo el mundo llora de alegría en Orsay y Kourou, se felicitan por teléfono y se abrazan. La tensión era demasiada, pero el lanzamiento salió a la perfección. Seguimos sin embargo un poco tensos: dentro de 7 horas conoceremos realmente la situación de Planck/HFI. Pero ¡qué emocionante este lanzamiento!

¡Planck responde!

Gilles Poulleau nos muestra las primeras curvas procedentes de Planck. Esto significa que el satélite está «vivo». Pero tendremos que esperar unas horas más antes de poder poner en marcha los sistemas críticos de los que depende el éxito científico de la misión. François Pajot acaba de llamarme desde Kourou: todo el equipo se va a comer y se reunirá de nuevo a las 15:00 h locales (20:00 h de aquí) para el encendido (¡¡por fin!!) de HFI. En estos momentos tan intensos no podemos evitar acordarnos de Richard Gispert y Jacques Charra (dos colegas que se fueron demasiado pronto y que dejaron su huella en el proyecto por su compromiso y humanidad).

«So far so good»

Ese es el contenido de un mensaje de texto que Guilaine Lagache y Stéphane Caminade me envían desde Kourou. Planck/HFI se enfría pasiva y silenciosamente. Esperemos a ver, pero de momento todo funciona admirablemente. ¡Qué alivio saber que todo va bien después de 3 horas de desconexión debido a una pausa familiar!

HFI es nominal

Acoso a Maryse Charra con mensajes de texto y ella me sigue el juego (¡gracias!). A las 22:04 h ¡todo va bien en el HFI! Las pruebas y el «descenso en frío» durarán varios días/semanas, por lo que no tenemos que esperar noticias impactantes todas las noches. Sin embargo, pocas horas después del lanzamiento es estupendo saber que todo funciona nominalmente.

De: Maryse Charra

Asunto: Re: Lanzamiento con éxito!!! de parte de Jean-Loup 14/05/2009 17:00

Para: Dole Hervé

Hervé,

El instrumento HFI, del que somos el contratista principal, se pondrá en marcha para activar las válvulas del «dilution cooler» y el cleaning del «4K cooler», hacia las 22:00 h de esta noche, es también un paso importante, porque dispondremos de un informe de la salud del instrumento.

Maryse

La noche será a lo mejor más tranquila para algunos, sabiendo que nuestro «bebé» va bien, aunque queda mucho camino por recorrer antes de L2 (el punto de Lagrange situado aproximadamente a 1,5 millones de kilómetros de la Tierra), el *survey* (las observaciones de todo el cielo), el análisis de datos, su interpretación, etc. En todo caso es un merecido descanso para todos, después de un día muy, muy intenso. Uno de esos que no se viven sino rara vez en la carrera científica. Es en parte por días como este por lo que se trabaja durante años. Y con Planck aún no hemos visto nada: dentro de poco será aún más intenso.

15 de mayo de 2009: D+1

Esta mañana he recibido una clase particular de Guy Guyot y Gilles Poulleau para analizar en directo las primeras curvas procedentes de termómetros y otros sensores de presión, caudal, etc. Ha sido fascinante. ¡Todo va bien! Es impresionante poder seguir el estado del instrumento, la temperatura de los sistemas y la presión del helio en las esferas y los tubos desde una distancia tan grande. «Es como si el experimento estuviera en el edificio de al lado, igual que durante las pruebas», bromea Guy.

La dulce euforia continúa

Subject **Lancement reussi !!! de la part de Jean-Loup**

To **tous@ias.u-psud.fr**

Bonjour,

J'ai le plaisir de vous annoncer que le lancement du satellite de l'Agence Spatiale Européenne Planck, destiné à la mesure du fond cosmologique, a été lancé de Kourou (Guyane) en même temps que l'observatoire sub-millimétrique Herschel ce Jeudi 14 Mai à 10h15 (heure de Kourou).

La séparation des deux satellites a eu lieu comme prévu un peu moins d'une heure après le lancement et, à ce stade, tout paraît normal. L'Institut d'Astrophysique Spatiale est le maître d'œuvre du principal instrument à bord de Planck qui a été développé dans une large collaboration internationale, à laquelle un autre laboratoire du campus, le LAL, a participé.

C'est une étape cruciale qui vient de se dérouler après 15 ans d'efforts des équipes impliquées (la première proposition date de 1993). Les tests en vols des instruments vont se derouler dans les deux mois et demi qui viennent.

Cordialement,
Jean-Loup Puget
Principal Investigator Planck HFI

[Traducción del correo: Buenos días: Tengo el placer de anunciaros que el lanzamiento del satélite Planck de la Agencia Espacial Europea, destinado a medir el fondo cosmológico, ha tenido lugar desde Kourou (Guayana) al mismo tiempo que el observatorio submilimétrico Herschel este jueves 14 de mayo a las 10:15 h (hora de Kourou). La separación de los dos satélites ha tenido lugar, como estaba previsto, poco menos de una hora después del lanzamiento, y en estos momentos todo parece normal. El Instituto de Astrofísica Espacial es el contratista del instrumento principal a bordo de Planck, que ha sido desarrollado en una amplia colaboración internacional en la que ha participado otro laboratorio del campus, el LAL. La etapa que se acaba de cubrir es una etapa crucial después de 15 años de esfuerzos por parte de los equipos participantes (la primera propuesta data de 1993). Los test en vuelo de los instrumentos tendrán lugar en los dos meses y medio siguientes. Un saludo cordial. Jean-Loup Puget, Principal Investigator Planck HFI.]

A raíz de un correo electrónico de Jean-Loup Puget a toda la universidad para anunciar el éxito del lanzamiento (el mensaje acaba de distribuirse), recibimos una avalancha de mensajes de felicitación, todos ellos conmovedores. Es estupendo sentir que una comunidad de personas se alegra del éxito del experimento científico, al servicio del conocimiento. Es un poco como en el blog, donde los mensajes demuestran un gran interés y curiosidad (por no hablar del gran número de conexiones, que probablemente expresan interés por esta parte de la aventura).

¡Cuánto nos emociona este éxito y este apoyo! Una formidable demostración de la competencia de cientos de personas —investigadores, ingenieros, técnicos, personal administrativo de laboratorios, agencias e industria— que han trabajado sin descanso para garantizar el éxito de Planck y Herschel (sin olvidar los demás experimentos en todo el mundo). Todo un contraste con el desprecio que se muestra hoy día por la investigación en las altas esferas...

16 de mayo de 2009: D + 2

Esta tarde me ha llamado François Pajot desde Kourou para darme una gran noticia: ¡los detectores de Planck/ HFI (los famosos bolómetros) se han «encendido» y responden! Parece algo natural, pero nos sentimos aliviados.

Las vibraciones y aceleraciones del lanzamiento son tan grandes que no es raro que se produzca algún daño. Yo lo viví en 2003 con Spitzer, un satélite infrarrojo de la NASA en el que había trabajado durante años. En aquella ocasión perdimos la mitad de una cámara revolucionaria (que observaba a una longitud de onda de 70 micras) debido a la rotura de un cable en la zona donde la temperatura era de 1,6 K. Es cierto que el diseño impedía que la rotura de un cable inutilizara todas las cámaras. Pero tras el éxito del lanzamiento nos dolió saber que nuestro programa científico se vería reducido a la mitad por culpa de ese maldito cable...

Al final nos las arreglamos muy bien. Pero eso ilustra lo crítico que es el lanzamiento y lo importantes que son las pruebas en vuelo, para comprobar el estado de los sistemas y cuantificar el funcionamiento.

En resumen, los 52 bolómetros de Planck/HFI responden. Maravillosa noticia: ¡el satélite está en plena forma, lo que es un buen augurio para el futuro! Ninguna degradación ni disminución del rendimiento por el momento. ¡Yupi! Las operaciones (pruebas y ajustes) continúan. Ahora quedan unas dos semanas de «tranquilidad» para el HFI, ya que hay que dejar que el telescopio se enfríe. Las cosas serias relativas al enfriamiento del instrumento vendrán después.

Espero que recordando estas etapas de mi carrera haya dejado claro mis motivaciones para trabajar en satélites de observación. Permítanme ahora abordar algunas cuestiones generales. ¿Cuál es el estatuto de la astrofísica (el estudio físico de los objetos del universo) y de la cosmología (el estudio del universo en su conjunto)? ¿Son realmente ciencias? En general, ¿para qué sirve la investigación fundamental? Las preguntas que me hacen mis alumnos y el público en general revelan a veces confusión, por lo que creo que un «alegato científico» no está fuera de lugar.

2. Alegato en favor de la ciencia astrofísica

La ciencia tiene características teóricas y experimentales que la distinguen de otros enfoques del mundo... ¡sin entrar necesariamente en conflicto con ellos! Pero ¿son realmente científicas la astrofísica y la cosmología? Su caso merece una reflexión.

¿Cuál es el enfoque científico?

Cuando se trata del origen (u orígenes) del mundo, los científicos no tienen el monopolio del pensamiento ni de las buenas ideas; cualquier grupo humano o corriente cultural puede tener sus propias concepciones. Pero ¿qué distinción o distinciones cabe establecer entre opinión, creencia, leyenda, mito, dogma, contexto cultural, razonamiento filosófico y razonamiento científico deductivo? ¿Qué aporta el enfoque científico cuando el objeto de estudio es nuestro propio universo, sin posibilidad de cambiarlo?

La cuestión del origen del universo y de su contenido (estrellas, galaxias, etc.) sigue siendo tan fascinante como siempre. La pregunta «¿de dónde venimos?» puede abordarse desde el punto de vista científico, pero también desde el artístico, filosófico, teológico, etc. El enfoque científico se diferencia de los demás en que intenta responder, de forma refutable, a la pregunta de «¿cómo ocurrió eso?», pero en ningún caso a la de «¿por qué ocurrió?», que remite a una posible búsqueda de sentido. Por tanto, la separación entre el *cómo* y el *por qué* es clara, y cada cual es libre de invocar el *por qué* mientras escucha el *cómo*.

Mediante el enfoque científico se va entendiendo poco a poco y cada vez mejor (con trompicones, retrocesos y parones) las leyes fundamentales del universo y los fenómenos físicos en juego; no se pretende dar respuesta a la pregunta de «¿tiene sentido la vida?» o de «¿es moral matar o ayudar al prójimo?». Esas preguntas legítimas, que la ciencia no aborda, pueden ser tratadas por la filosofía o la religión. Veremos que, en principio, no hay contradicción entre estos distintos enfoques.

Para entender el *cómo*, la ciencia intenta desarrollar teorías basadas en principios fundamentales y predecir fenómenos; las predicciones teóricas se confrontan después con las observaciones y medidas. Cuando se trata de una subparte de una teoría más amplia, utilizamos el término de *modelo*. Las medidas, al analizarlas en el marco de una teoría o modelo, pueden (o no) infirmarla, o establecer un acuerdo con un grado de confianza cuantificable.

Nótese que utilizo el término «acuerdo» y no el de «confirmación». En efecto, es difícil (incluso imposible) confirmar una teoría: nunca podemos estar seguros de que nuevas medidas no la contradigan. A veces hay varios modelos que predicen fenómenos similares mensurables; en ese caso solo podremos optar por un modelo u otro con la ayuda de medidas más sensibles. Por otro lado, es posible cuantificar la concordancia entre las medidas y la teoría: cuantas más medidas independientes concuerden con las predicciones, más apoyo tendrá la teoría y más será aceptada como paradigma. Por el contrario, una medida confirmada que esté en flagrante desacuerdo con una predicción teórica es suficiente para refutar la teoría.

En la práctica, la situación es más sutil. El grado de confianza en las medidas, o el acuerdo con un modelo, es algo discutible y no siempre es posible llegar a una conclusión. Por ejemplo, algunas medidas cosmológicas recientes están en ligero desacuerdo (cuando el desacuerdo es pequeño pero no insignificante se utiliza el término *tensión*) con el «modelo estándar» de la cosmología. Si calculamos la probabilidad de que las medidas se desvíen de la teoría, obtenemos un 1%: es poco probable, pero ni mucho menos estadísticamente imposible. Entonces, ¿qué podemos concluir? ¿Que la teoría es errónea, aunque prediga que las medidas pueden proporcionar estos valores (si bien con una probabilidad baja)? ¿Que la teoría se ve apoyada, con una medida que está en tensión pero que sin embargo es aceptable? En este caso probablemente será necesario realizar otras medidas independientes para ver si la tensión persiste y aumenta o si se desvanece.

Por tanto, las teorías son refutables: los nuevos datos (o los antiguos, pero mejor comprendidos o vueltos a analizar) las hacen evolucionar. Los experimentos y las medidas deben ser reproducibles. A veces se publican medidas excepcionales pero que nunca son confirmadas de forma independiente por otros equipos[1] que analizan los mismos datos o que realizan otras mediciones...

El enfoque científico moderno debe mucho a precursores del siglo XVII como Descartes y Galileo. Se basa en dos elementos centrales: la existencia (y refutabilidad) de una teoría predictiva, basada en principios fundamentales, y la reproducibilidad de las medidas. A esto se añaden otros elementos, como la posibilidad de variar los parámetros experimentales para ver cómo se comporta un fenómeno en relación con las predicciones. Este esquema (un tanto idílico) está sujeto a distorsiones en la práctica cotidiana. A veces la observación va por delante de la teoría: hay fenómenos, como la materia oscura o el fluido de energía oscura, que no tienen una explicación absolutamente coherente. Mucho más a menudo es la teoría la que va por delante de las observaciones: con estas se intenta detectar señales ya predichas, a veces desde hace 100 años, como las ondas gravitatorias, tratadas en el capítulo 10, o la obtención de una imagen del entorno de un agujero negro.

Pero la astrofísica (el estudio físico de las leyes y los objetos del universo) y la cosmología (el estudio, desde el punto de vista físico, del universo en su conjunto) tienen en común con las ciencias naturales el hecho de que es imposible cambiar los parámetros para observar el resultado. ¿Cómo podríamos cambiar los parámetros de una protogalaxia, una protoestrella o un protoplaneta (como su masa o su composición) para estudiar su formación y luego compararlo con lo que ya sabemos (mediante la observación y la teoría)? Análogamente, en las ciencias del clima, la ecología o la geofísica, donde las escalas temporales son mucho más largas que la vida humana (¡pero mucho más cortas que las astronómicas!), es prácticamente imposible cambiar las condiciones iniciales o variar los parámetros (salvo en el caso de las simulaciones digitales). ¿Se trata realmente de ciencia cuando es prácticamente imposible experimentar?

La astrofísica y la cosmología ¿son ciencias?

La astrofísica podría definirse así: «Ciencia que estudia la estructura, la evolución y las leyes físicas fundamentales que rigen a escalas que van desde el sistema solar hasta el universo entero». La astrofísica está por tanto íntimamente vinculada a la cosmología (estudio del universo a gran escala) y a las ciencias planetarias, e implica numerosas interfaces con las matemáticas, la física teórica, la física subatómica (nuclear, partículas), otras ramas de la física (plasmas, fluidos, sólidos, interacción materia-radiación, etc.), la química, la geología e incluso la biología y la informática (*big data, deep learning* e interacciones hombre-máquina). Por no hablar de las tecnologías de medición, que recurren a la investigación sobre detectores o a la gestión de sistemas de información, así como a las ciencias de la ingeniería, en tierra y en el espacio, ¡e incluso a la gestión!

Como hemos visto, la astrofísica y la cosmología comparten con la climatología y la geofísica ciertos aspectos de las ciencias naturales: estudian fenómenos (esencialmente) naturales que evolucionan en escalas temporales que son largas en comparación con la vida humana. No es de extrañar que en Francia estas áreas de investigación se agrupen, dentro del Centre national de la recherche scientifique (CNRS), en un único instituto, el Institut national des sciences de l'Univers (INSU), con numerosos vínculos con otros institutos como el Institut national de physique nucléaire et de physique des particules (IN2P3) y el Institut national de physique (INP). La investigación se lleva a cabo a menudo en colaboración con instituciones de estructura similar, como las universidades o el Commissariat à l'énergie atomique et aux énergies alternatives (CEA). El desarrollo de proyectos espaciales cuenta con el apoyo de la agencia espacial francesa, el Centre national d'études spatiales (CNES).

¿Cómo estudiar fenómenos que tienen lugar a lo largo de escalas temporales y espaciales muy grandes, sin la posibilidad de experimentar con las condiciones iniciales o los distintos parámetros? ¿Cómo hacerlo si solo existe un único universo y si somos incapaces de crear una estrella nosotros mismos? ¿Es la astrofísica una actividad científica? La respuesta (afirmativa) no sorprenderá al lector, pero hay que justificarla. El estudio de estos fenómenos largos y distantes —el universo o sus constituyentes— requiere un marco teórico. Esto significa disponer de una teoría coherente (o que aspire a serlo) que haga predicciones que sean verificables mediante la observación. Esta condición —necesaria pero no suficiente— se cumple en astrofísica.

Como no podemos realizar experimentos directos (sobre la formación de las estrellas, por ejemplo), tenemos que recurrir a ciertos principios o postulados, como hacen otras ciencias. Empecemos por el principio de ergodicidad, que se puede enunciar de varias maneras. La que nos interesa es la siguiente: un proceso es ergódico si un sistema físico, abandonado a su suerte durante un tiempo suficientemente largo, explora plenamente el «espacio de fases», es decir, el conjunto de valores o parámetros posibles. Esto significa que, aunque no podamos experimentar y variar los parámetros nosotros mismos, «todas las posibilidades existen en la naturaleza». Conceptualmente estamos sustituyendo la experimentación directa por la observación de la multitud de resultados posibles: al final es el universo el que experimenta en nuestro lugar.

En cuanto al principio cosmológico, afirma básicamente que no hay ningún lugar privilegiado en el universo. Dicho con otras palabras, las condiciones (dinámicas o no) que reinan en él son estadísticamente las mismas en todas partes, dado que las leyes de la física también son las mismas por doquier. Otra formulación es esta: existe una escala de tamaño (estimada en varios cientos de megaparsecs) más allá de la cual el universo puede considerarse absolutamente homogéneo. Señalemos que la validez de este principio sigue siendo objeto de debate.

En términos generales, el enfoque científico consiste en acumular una gran variedad de observaciones (cada una de las cuales puede tener sesgos o limitaciones), estudiarlas sistemáticamente y «explicarlas» para responder a una pregunta o validar una predicción teórica. He aquí algunos ejemplos y contraejemplos.

Ejemplo n.º 1: la previsión de las cotizaciones bursátiles

Cuando discuto con mis alumnos la cuestión de si la astrofísica es una ciencia, me dan numerosos argumentos aceptables: «la ciencia hace predicciones», «observamos, analizamos y predecimos», etc. Les explico que estos argumentos son necesarios pero no suficientes, utilizando para ello el ejemplo de la previsión de las cotizaciones bursátiles: esta no es una ciencia[2], del mismo modo que no lo es la astrología[3].

Observar y predecir no basta para constituir una ciencia. El astrólogo y el comentarista bursátil o deportivo observan, sin duda de buena fe, sus datos favoritos y predicen lo que pueden o quieren. Pero sus predicciones no se basan en ninguna teoría asentada —y de validez demostrada— y dotada de parámetros cuantitativos precisos. Esas predicciones no están respaldadas por ningún corpus teórico o experimental de medidas que haya superado pruebas objetivas. (Nota: existe una ciencia económica, no exenta de controversia, que tiene en cuenta la dimensión humana y social al tiempo que utiliza un análisis racional basado en concepciones teóricas y modelos[4]). Pero su enfoque no es científico: ¿qué ocurre con la universalidad, la objetividad, la refutabilidad y la reproducibilidad que caracterizan al enfoque científico?

Ejemplo n.º 2: la previsión meteorológica

La previsión meteorológica, arquetipo del procedimiento científico, puesta a veces en entredicho (cuando, por ejemplo, una previsión de lluvia resulta en un sol radiante, aunque reconozcamos que esto ya no ocurre casi nunca), tiene sólidos fundamentos teóricos y experimentales en la física (especialmente la termodinámica), la climatología, la geofísica y la oceanografía. Con la mayor potencia de los ordenadores y la disponibilidad de datos más precisos, los modelos se están perfeccionando constantemente, y los científicos conocen bien la estabilidad y las incertidumbres de las soluciones y de las previsiones, que ahora son ultrafiables a cinco días vista o más. Queda otro reto: el de comunicar bien al público esta información (y sus incertidumbres).

Si pasamos de la meteorología a la climatología, que tiene que ver con escalas temporales muy largas, pensemos que el modelo climático de la Tierra se utiliza también para los planetas Marte y Venus, el planeta enano Plutón y los satélites Titán y Tritón. Los valores de diversos parámetros numéricos se modifican en función del planeta estudiado, para tener en cuenta su gravedad, presión, composición atmosférica, etc. En la actualidad se intenta aplicar este tipo de modelo a los planetas gigantes e incluso a los exoplanetas (que orbitan alrededor de otras estrellas). Todos estos estudios contribuyen a la mejora constante del modelo y tienen aplicaciones en la Tierra.

Ejemplo n.º 3: los sistemas planetarios, antes y después de 1995

Hasta el descubrimiento[5] del primer exoplaneta alrededor de la estrella 51 Pegasi (desde el Observatorio de Alta

Provenza, galardonado con el Premio Nobel de Física 2019), los investigadores consideraban que nuestro sistema solar —planetas gigantes gaseosos situados lejos de la estrella, planetas rocosos a veces muy cerca de ella— era «típico». Asombro: el descubrimiento de este exoplaneta demostró que un planeta masivo (del tipo de Júpiter) puede estar tan cerca de su estrella que da una vuelta alrededor de ella en poco más de 4 días. Había que revisar por completo la teoría según la cual era imposible que un planeta gigante sobreviviera en esa zona.

Esta revisión fue llevada a cabo, con cierto éxito: actualmente están identificados y «autorizados» por la teoría más de 4000 exoplanetas. Integrando nuevos detalles y sutilezas de una física ya conocida, se llegó al concepto de migración de los planetas gigantes. Estos planetas siempre se forman lejos de la estrella, pero luego migran gradualmente hacia zonas más cercanas, sin vaporizarse. También se ha comprendido que los «júpiteres calientes» (la clase de exoplanetas gigantes cercanos a su estrella) son los que se descubren más fácilmente: un «sesgo de selección» observacional los favorece (un estudio estadístico tiene un sesgo de selección si la muestra utilizada no es representativa de la población que queremos estudiar, debido a una selección particular). La llegada de nuevos instrumentos está bajando el umbral de detección de exoplanetas (estamos descubriendo otros más ligeros), con el objetivo de encontrar «exotierras» (con masas similares a la de nuestro planeta). Conclusión personal: el universo es mucho más original de lo que imaginamos. También vale la pena recordarlo en cosmología.

Mi trabajo: asesino de modelos

Cuando la gente me pregunta cuál es mi trabajo como astrofísico, a veces respondo: «¡Asesino de modelos, sobre todo de los míos!». Creo que eso resume muy bien mi actividad, a pesar de que tengo un temperamento muy pacífico, lejos de la imagen de los sicarios y otros asesinos de las películas.

Las mediciones que realizamos (yo y mis numerosos colegas) sobre las propiedades globales de las galaxias o de estructuras lejanas están destinadas a responder a una problemática científica, confrontándolas con las predicciones, en este caso con modelos. Por tanto es natural ir modificando estos modelos para que concuerden mejor con los datos. Lo cual implica «asesinar» ciertos modelos, o más bien demostrar que no se ajustan a las observaciones. Esto puede ocurrir también con los modelos de mi equipo, aunque creo que estos resisten tan bien (o tan mal) como los de los demás; lo esencial es que la comparación de los modelos, más o menos determinante para su supervivencia, haga avanzar nuestros conocimientos.

El enfoque observacional

Consiste en comparar las predicciones teóricas con las medidas empíricas, que se suponen suficientemente numerosas para cubrir bien el espacio de los parámetros en cuestión. Esto plantea a veces problemas: en cosmología solo tenemos un universo, y esta limitación es fundamental para ciertos estudios. Por otra parte, la detección de miles de exoplanetas ha refundado las ciencias planetarias, que han tenido que explicar la diversidad de los sistemas observados.

El enfoque de la simulación digital es bastante similar. Partiendo de principios físicos, a veces de modelos simplificados, se generan simulaciones que son comparadas con los datos disponibles y las predicciones teóricas. A veces se experimenta en el laboratorio con sistemas (fluidos, plasmas, etc.) que poseen las características de fenómenos astrofísicos.

La riqueza de estos enfoques proviene así de la comparación de las medidas con las predicciones, y de sus posibles idas y venidas. Resumamos sus etapas ideales.

1) *Identificación de una problemática científica clara*

Nos concentramos en un tema particular.

2) *Identificación de los observables adaptados a esta problemática*

Decidimos qué es lo que más vale la pena observar para responder a los objetivos fijados. A menudo hay varias soluciones posibles.

3) *Elaboración de una estrategia de observación para reunir la información faltante identificada en 2)*

Como puede haber varios observables pertinentes, hay varias estrategias posibles.

4) *Campaña de observación*

La campaña se lleva a cabo en la tierra o en el espacio, con posibles elementos aleatorios. Si estamos observando un grupo de galaxias y solo disponemos de una fracción del tiempo previsto, ¿qué hacer? ¿Observar pocos objetivos, con la sensibilidad adecuada? ¿O todos los objetivos, con menos sensibilidad y a riesgo de no poder llegar a una conclusión sobre el problema? Este tipo de cuestiones se plantea a menudo durante la campaña o antes, cuando los comités de asignación del tiempo de telescopio toman sus decisiones (las solicitudes son de 3 a 20 veces superiores al tiempo disponible).

5) *Procesamiento de datos, eventualmente automatizado*

Lo llevan a cabo especialistas en el instrumento utilizado, a menudo mediante una serie de programas informáticos denominada *pipeline*. Consiste en corregir los datos brutos para eliminar los efectos de la alteración de la señal (debida a la instrumentación) y, a continuación, calibrarlos. Se obtienen así datos aptos para su uso científico.

6) *Análisis de los datos, con el objetivo determinado en 1) y 2)*

El análisis de la señal astronómica es sin duda la etapa más sutil: esta señal conlleva ruido y es difícil sacarla en limpio. ¿Qué es señal y qué ruido? Un gran debate. Esta es la definición que más me conviene: en un contexto dado, la señal es la información buscada, mientras que el ruido es cualquier información o proceso indeseable.

He aquí un ejemplo elocuente. Un profesor da una clase a decenas de alumnos. Dos de ellos hablan de la noche anterior (¡una situación imaginaria, por supuesto!): A cuenta su historia a B, que le escucha. Por tanto, B recibe dos señales: la historia de A y la voz del profesor o profesora, dos ondas sonoras distintas que llegan a su oído. La física no distingue entre señal y ruido; solo el contexto determina cuál es una cosa u otra. Si B es serio o está concentrado, considerará la historia de A como ruido y la voz del profesor o profesora como la señal perturbada. Pero si está en modo lúdico, considerará que la voz del profesor o profesora es ruido y que la señal que le interesa es la voz de A.

El ruido puede ser aleatorio (por ejemplo, el ruido térmico), sistemático o estructurado (por ejemplo, la voz que no interesa). Según el interés científico, una misma situación física puede dar lugar a varios análisis. Un ejemplo astrofísico: los datos del satélite Planck, que contienen una señal procedente de nuestra galaxia pero también de galaxias lejanas y del fondo cosmológico. Estos datos se analizarán de forma diferente según nos interese la emisión de fondo procedente del fondo cosmológico o la emisión de primer plano procedente de la galaxia.

7) *Interpretación científica*

Interpretar las medidas es una tarea delicada. La información relevante extraída durante la sexta etapa se compara con los modelos y con otras medidas existentes, para extraer conclusiones sobre la pregunta original.

8) *Conclusiones, comentarios y comparación con la problemática científica*

La confrontación de la interpretación y la pregunta inicial permiten normalmente avanzar en el debate científico.

¿«Creer» en el Big Bang? ¡No es necesario!

A veces me preguntan si creo en el Big Bang. La pregunta está mal planteada: el enfoque científico no nos lleva a creer, sino que muestra el acuerdo o desacuerdo de los datos adquiridos con los modelos o predicciones. No hay creencia ni verdad oculta en este enfoque, sino teorías, observaciones, hechos, confrontación, cuestionamiento, dudas, debates y preguntas. La pregunta podría haber sido: «¿Cree usted que el modelo del Big Bang es el que mejor se ajusta a todas las observaciones existentes?». La mayor parte de la comunidad científica —incluido yo mismo— responde que sí a esta pregunta (formulada de forma un tanto simplista). En los capítulos siguientes se examinará en detalle esta respuesta para ilustrar los indudables éxitos del modelo, sin pasar por alto las cuestiones que siguen abiertas y los agudos problemas que subsisten.

Veamos el caso concreto de «ciencia y religión», cuyas relaciones han hecho correr mucha tinta (e incluso mucha sangre). Los dos enfoques no deberían chocar, ya que se refieren a campos diferentes del pensamiento. Del lado de la religión se trata de valores, de una determinada forma de vida, del sentido que se da a la existencia, al mundo y a su funcionamiento. La ciencia, por su parte, trata de interrogar racionalmente un mundo complejo, en todas las escalas temporales y espaciales, con predicciones teóricas que pueden ser refutadas por la experiencia.

Así que se puede ser científico y creyente al mismo tiempo; no es mi caso, pero conozco a personas perfectamente felices que lo son. Pero ¿cómo no encontrar ridículas o deshonestas ciertas mentes malhumoradas u oscurantistas que quieren mantener la confusión entre ciencia y religión, aplicando una rejilla de lectura dogmática a las cuestiones científicas? Llevan siglos despreciando e insultando la creatividad humana... Ya se trate del bosón de Higgs, de las moléculas de ADN, del futuro de las abejas, de la formación de las rocas, de los planetas, de las galaxias, de la materia oscura, de conjeturas matemáticas o de la teoría de juegos, ¿qué crédito o pertinencia podría tener una reflexión religiosa?

Por su parte, la ciencia no interviene en cuestiones de ética, de la naturaleza del bien y del mal, o del sentido que hay que dar a la vida y a las acciones humanas. Ahí podemos recurrir a la religión, la filosofía, la moral, la cultura, el derecho o la psicología[6].

La mezcla de géneros que hacen a veces los medios de comunicación, entre el origen metafísico del universo y su realidad científica, desdibuja la escucha y dificulta la distinción entre el enfoque objetivo y la burda especulación, orquestada por algunos charlatanes modernos, que son pocos pero muy mediáticos. ¡Sepamos hacer la distinción!

En favor de la investigación fundamental

«¿No son demasiado caras las misiones espaciales? ¿No debería destinarse ese dinero a resolver problemas de la sociedad como la pobreza y el desempleo?»

Me gustaría dar mi punto de vista sobre estas preguntas pertinentes que vuelven y vuelven a plantearse con frecuencia, haciéndolas extensivas a toda la investigación fundamental.

El coste total (salarios incluidos) de las misiones Planck y Herschel asciende a unos 1200 millones de euros repartidos entre 17 años, una suma modesta comparada con algunos gastos públicos (reducciones de impuestos o material militar, por ejemplo). Lo mismo vale para las grandes infraestructuras como el CERN. Este gasto, que da lugar a grandes descubrimientos e innovaciones industriales, se deriva de una elección de sociedad en la que la educación para todos y la excelencia también se alimentan de la investigación, en la que la sociedad se inspira en la investigación más fundamental a largo plazo, así como en la investigación y el desarrollo aplicados a corto plazo: las transacciones se hacen en un contexto global (educación, sanidad, social, militar, económico, inversión en infraestructuras, utilización de los impuestos, internacional, etc.), sin oponer de manera estéril dos ámbitos: «ciencia» y «social», o «ciencia» y «hambruna mundial».

Para progresar, la investigación fundamental desarrolla y necesita tecnologías avanzadas; explora vías a veces condenadas al fracaso, a veces muy prometedoras (por desgracia, eso solo se sabe a posteriori). Por tanto, genera desarrollos industriales y crea empleos cualificados, que a su vez tienen repercusiones económicas, al tiempo que preparan el futuro. Además, produce conocimientos que pueden ilustrar a los ciudadanos y a los políticos sobre una amplia gama de intereses sociales.

En un nivel más profundo, nuestra concepción del mundo, al igual que nuestra vida cotidiana, sería muy diferente sin estos conocimientos basados en la investigación. Un ejemplo es el GPS, que utiliza correcciones derivadas de la teoría de la relatividad, establecida hace unos cien años. Me parece que el entusiasmo popular y mediático por los grandes acontecimientos científicos y tecnológicos demuestra que la humanidad sigue haciéndose preguntas sobre el mundo y el lugar que ocupa en él. Al igual que el arte y la cultura, la ciencia une a los humanos.

Una vez aclaradas las características del enfoque científico y el estatuto de la astrofísica, es hora de examinar más de cerca el campo de la cosmología física. Empezando por su historia, que abarca ya más de un siglo.

3. Breve historia de la cosmología

«Hace mucho tiempo, en una galaxia muy, muy lejana...».
Como lo que se lee al principio de cada película de La guerra
de las galaxias*, la cosmología se ocupa de la evolución del universo en su conjunto.*

En el espacio de un siglo, el estudio físico del universo ha
cambiado de una manera increíble. Iniciado por la relatividad de Einstein, se basa ahora en tres sólidos pilares: la expansión del universo, la nucleosíntesis primordial y la radiación fósil. Pero las observaciones empíricas, que se han
vuelto ultraprecisas, le ponen las cosas difíciles y le plantean misterios por resolver: la materia oscura, la energía oscura, la formación de estructuras, los inicios del universo...
Para comprender el modelo cosmológico que prevalece
hoy día, veamos primero las grandes etapas que condujeron a su aparición y después a su desarrollo. A continuación resumimos su contenido y lo que puede decirnos

sobre la historia del universo, una vez confrontado con las observaciones.

Relatividad, expansión y materia oscura

El primer fundamento de la cosmología física contemporánea es la teoría de la relatividad general, que brinda un marco para describir y predecir las interacciones gravitatorias de la materia y la energía en el universo. Este salto conceptual, efectuado hacia finales de 1915, fue obra, por supuesto, de Albert Einstein.

Desde finales de los años veinte, los astrónomos creen que el universo está en expansión, tras la observación —por Edwin Hubble en particular— de galaxias lejanas que se alejan de nosotros tanto más deprisa cuanto mayor es su distancia. Durante esos mismos años se buscan soluciones teóricas que precisen el movimiento (se habla de *dinámica*) de un universo en expansión en el marco de la relatividad general. Las soluciones encontradas de forma independiente por Alexander Friedmann y Georges Lemaître entre 1922 y 1931 se siguen utilizando hoy día. Este marco teórico, unido a las observaciones de la recesión de las galaxias (que «traza» la expansión del universo), constituye el primer fundamento de la cosmología física moderna.

Hacia mediados de los años treinta, Fritz Zwicky descubre una incoherencia entre la velocidad de las galaxias que orbitan en un cúmulo de galaxias y la masa obtenida sumando las de las galaxias centrales. Zwicky es el primero (de una serie muy larga de científicos) en demostrar el efecto de un «déficit de masa» en el universo. Esta masa, que escapa a la observación, pero cuyos efectos dinámicos pueden apreciarse en el conjunto de las galaxias y cúmulos (sobre todo en el universo lejano, poblado por objetos aún «jóvenes»), se conoce ahora por el nombre de materia oscura (*dark matter*, en inglés).

La década de 1930 marcó también el inicio de la radioastronomía, tras el descubrimiento por Karl Jansky (en 1932) de las ondas de radio emitidas por nuestra galaxia, la Vía Láctea.

La recesión de las galaxias

En los años comprendidos entre la década de 1910 y la de 1930, varios observadores (entre ellos Edwin Hubble) miden las distancias de las galaxias y sus velocidades respecto a la Tierra. En aquella época se sabe poco de las «nebulosas» (como se conoce por entonces a las galaxias y otras nebulosidades). El debate está servido: ¿se encuentran en nuestra galaxia o no? Según los astrónomos, el universo observable no se extiende necesariamente más allá de la Vía Láctea. Las medidas en cuestión conducen a tres resultados importantes y muy significativos.

En primer lugar: las galaxias se encuentran a distancias verdaderamente astronómicas, mucho más allá de la Vía Láctea. Midiendo el brillo de estrellas individuales[1] y comparándolo con el de estrellas patrón, los astrónomos calculan las distancias de varias nebulosas. El veredicto: están a unos diez megaparsecs[2], una distancia mucho mayor que el tamaño de la Vía Láctea (varias decenas de kiloparsecs).

En segundo lugar: las velocidades de las galaxias muestran que se alejan de nosotros casi sistemáticamente. Las velocidades radiales (en la dirección de la línea visual) se obtienen por espectroscopia: identificamos líneas atómicas características (como las del hidrógeno) y comparamos sus longitudes de onda con las medidas en el laboratorio. Si las líneas observadas en la galaxia están «desplazadas hacia el azul» (longitudes de onda más cortas/frecuencias más altas) en comparación con el espectro «en reposo» del laboratorio, la galaxia se está acercando a nosotros. Si las líneas están desplazadas al rojo (longitudes de onda más largas/frecuencias más bajas), la galaxia se está alejando. Este «efecto Doppler-Fizeau» (que también existe para el sonido) permite medir las velocidades de las galaxias, ya que el desplazamiento preciso de las líneas proporciona la velocidad de desplazamiento radial.

En tercer lugar: existe una relación sencilla[3] entre la distancia de una galaxia y su velocidad de recesión. Cuanto más lejos está una galaxia, más rápido se aleja. Hubble (en 1929) y luego Hubble y Milton Humason (en 1931) lo demuestran para galaxias bastante cercanas (según los baremos actuales).

Estos tres grandes resultados, resumidos en la expresión «recesión de las galaxias», sumieron a muchos investigadores en abismos de perplejidad. Lo cual es comprensible, porque la visión dominante en aquella época era (a grandes rasgos) la de un universo estático lleno de nebulosas, de las que no se sabía si estaban cerca o no. De ahí la pregunta: este efecto de la recesión ¿es solo aparente o es una propiedad global del universo en expansión?

Algunos vieron la relación con los modelos teóricos desarrollados a raíz de la relatividad general de Einstein. En su búsqueda de soluciones a las ecuaciones de Einstein, Alexander Friedmann (en 1922) y Georges Lemaître (en 1931) se dieron cuenta de que la solución «estática» no es necesariamente la conveniente y de que existen soluciones en las que el universo se expande. Se establece así un vínculo entre observaciones y modelos... pero el razonamiento ¿es aceptable, pertinente, válido y sólido? Para tranquilizar (o no) al lector: en la actualidad nos planteamos constantemente preguntas de este tipo.

Nucleosíntesis y radiación del universo

Con el sombrío telón de fondo de la Segunda Guerra Mundial, los años cuarenta asisten a la aparición de la física nuclear (la física del núcleo atómico) y del desarrollo de una serie de tecnologías, entre ellas los receptores de radio. La física nuclear permite comprender la complejísima síntesis de los núcleos atómicos en el universo (denominada «nucleosíntesis»), bajo el impulso de los trabajos de Ralph Alpher, Hans Bethe y George Gamow, y con los refinamientos realizados en los años cincuenta por Fred Hoyle, Hermann Bondi, la pareja Margaret y Geoffrey Burbidge y William Fowler.

Se distingue entre la nucleosíntesis primordial, que tuvo lugar durante los tres primeros minutos del universo y que creó algunos elementos atómicos ligeros (todo el hidrógeno y el helio, y algo de litio), y la nucleosíntesis estelar, que se produce continuamente en las estrellas y sintetiza los demás elementos atómicos, más pesados. A excepción del hidrógeno y el helio, podemos decir poéticamente —como nos recuerda Hubert Reeves— que somos «polvo de estrellas»: todos los átomos de los que estamos compuestos (carbono, oxígeno, nitrógeno, etc.) proceden de la nucleosíntesis estelar (a excepción del hidrógeno y el helio).

Esta explicación del origen de la materia atómica, que distingue entre procesos primordiales y procesos estelares, ha desempeñado un papel importantísimo en la cosmología y en la historia de nuestras concepciones del universo. Desde hace décadas se considera el segundo pilar de la cosmología física contemporánea. Explicita los frecuentes vínculos entre la cosmología (el estudio de lo infinitamente grande) y la física subatómica (el estudio de lo infinitamente pequeño)[4].

A finales de los años cuarenta, George Gamow propone el «modelo del Big Bang caliente», según el cual el universo atravesó una fase de densidad y calor singulares, antes de enfriarse como consecuencia de la expansión. La física predice que se creó una gran cantidad de luz, un poco como la luz emitida por un gas caliente, por ejemplo la llama de una vela o la superficie del Sol.

Este modelo cuantifica el enfriamiento y permite calcular la tasa de producción de las distintas partículas, con el éxito que conocemos para las proporciones de los elementos atómicos ligeros. También predice que la luz y la materia permanecieron durante mucho tiempo «en equilibrio»: el plasma —un medio en el que circulan libremente las partículas eléctricamente cargadas— interactuaba con la luz, ambos estaban «acoplados» mediante procesos electromagnéticos[5].

La física predice que, en este estado de equilibrio que evoluciona con la temperatura, la luz tiene las propiedades de una radiación llamada «del cuerpo negro»[6] (véase el capítulo 5).

Gamow predice que la luz creada en el momento del Big Bang caliente no pudo desaparecer después: la expansión la «diluyó», sin alterar sus propiedades identificables (si la luz era absorbida, era reemitida más tarde). Así pues, el universo debe seguir estando bañado de una radiación débil y fría, como testimonio de su juventud caliente y densa. Como esta luz circula por todas partes, el fondo del cielo (y por tanto la noche) no debe de ser tan oscuro como se piensa. Así pues, ¡la noche no es negra! Veremos que esta predicción resultó ser correcta. Esta «radiación fósil»[7] es el tercer pilar de la cosmología moderna.

Las observaciones y los modelos son cada vez más precisos

La cosmología da un giro importante en 1964, cuando Arno Penzias y Robert Wilson descubren esa radiación fósil en el rango de las ondas de radio (hallazgo por el que recibieron el Premio Nobel en 1978[8]). La observación confirmó así una de las predicciones más fuertes del modelo del Big Bang caliente.

Desde finales de los años sesenta, el descubrimiento de galaxias cada vez más lejanas fue esclarecedor y emocionante, pero también una fuente de misterios. Al principio, los cosmólogos consideraban las galaxias como «trazadores pasivos», una especie de partículas de prueba que podían utilizarse para determinar la geometría del universo (o su edad) mediante estadísticas basadas en un gran número de objetos. Pero luego descubrieron que estas galaxias evolucionan con la época cósmica: sus propiedades luminosas (intensidad, color, morfología) y su contenido (masas de estrellas y gas) no son en absoluto constantes. Esto puede parecer obvio ahora, pero las escalas de tiempo implicadas en los procesos en cuestión (miles de millones de años) llevaron inicialmente a suponer que estas propiedades, que cambian muy lentamente, eran constantes.

Se plantearon también otros problemas, como la estimación de la edad del universo a partir de la constante de Hubble. Esta constante, definida como la velocidad de expansión del universo, es especialmente difícil de medir debido a los «movimientos propios» de las galaxias, que son independientes de la expansión general. En 1995, cuando yo era estudiante de Máster 2 en la universidad, mis profesores —astrofísicos y catedráticos activos en la investigación— todavía decían que esta famosa constante solo se conocía salvo un factor de 2: su valor se estimaba entre 50 y 100 km/s/Mpc... «Me gusta la cosmología, porque se sabe todo salvo un factor de 2», era uno de los chistes que circulaban entre los estudiantes. Si a uno le gusta *Kaamelott*, la serie de televisión creada por Alexandre Astier (un excelente divulgador científico[9]), quizá se sienta tentado de replicar que, en aquella época, ¡«eso no deja de ser verdad»!

¿Solo una anécdota? En realidad no, porque según el modelo cosmológico estándar la constante de Hubble mide indirectamente la edad del universo. Algunos de sus valores daban una edad de unos 10 000 millones de años, menos que la de las estrellas más antiguas conocidas. El problema

era pues agudo: un modelo con tres grandes pilares valida-
dos, pero incapaz de conciliar la edad del universo con sus
constituyentes, es en el mejor de los casos defectuoso, y en
el peor, inadecuado.

Retomemos el hilo cronológico. Los años setenta fueron
testigos de una acumulación de datos de calidad sobre las
galaxias y otros objetos astrofísicos. También fueron testigos del lanzamiento de ambiciosas ideas y programas de telescopios —terrestres y espaciales— cuyos impresionantes
resultados no han cesado desde entonces.

En los años ochenta surge una nueva idea sobre los primeros instantes del universo: el escenario de la inflación
cósmica, que más tarde acabaría imponiéndose. Se refiere a
una expansión muy breve pero desmesurada del universo,
en torno a 10^{-35} segundos después del Big Bang. La idea
permite resolver una serie de enigmas, como la homogeneidad del universo a escala muy grande o sus propiedades
geométricas. Los científicos aprecian la capacidad de este
modelo para hacer predicciones mensurables, que futuras
observaciones podrán confirmar o refutar.

Al mismo tiempo, las mediciones de galaxias y cúmulos
son cada vez más precisas, ahondando el misterio de la materia oscura. Al observar nuevas longitudes de onda desde
el espacio, se descubren nuevos tipos de objetos, como las
galaxias infrarrojas[10], que irradian hasta el 99% de su luz
fuera del espectro visible. El catálogo IRAS[11] ha duplicado
(aproximadamente) el número de galaxias conocidas. El
concepto de *big data* aún no existía, pero los astrofísicos se
movían ya en los límites de las posibilidades técnicas del
tratamiento y gestión de datos.

La fulgurante progresión de los años noventa

En 1989, el lanzamiento del satélite estadounidense COBE, equipado con tres instrumentos excepcionales[12] (y merecedor más tarde de dos premios Nobel), marcó el inicio de una gran era. En solo unos minutos, el instrumento FIRAS mide el espectro del fondo cosmológico en una gama de longitudes de onda nunca antes cubierta, con una precisión cientos de veces superior a la de las mediciones anteriores. El instrumento DMR cartografía el fondo cosmológico durante algunos años y descubre sus primeras fluctuaciones (muy débiles), lo que en 1992 pone fin al debate sobre la necesidad de «materia oscura no bariónica» (véase el capítulo 7). El instrumento DIRBE observa las otras radiaciones difusas en infrarrojos. Gracias a FIRAS y DIRBE, un equipo francés[13] descubre en 1996 —de forma inesperada, antes de una confirmación norteamericana en 1998— la radiación de fondo de las galaxias o fondo extragaláctico de infrarrojos (véase el capítulo 6). Estas mediciones y descubrimientos tienen un impacto resonante, igual que el de la observación de la radiación fósil en 1964.

En 1996 se seleccionan otras dos misiones espaciales dirigidas al fondo cosmológico: WMAP[14] (NASA) y Planck (ESA). Tuve la suerte de asistir a la presentación de las misiones en la ESA, donde Planck resultó ganador (su nombre era entonces COBRAS-SAMBA). Durante las reuniones preparatorias, un colega dijo: «¡No olvidemos que los jóvenes investigadores del mañana, que también analizarán los datos de Planck, están hoy en la guardería!». Este rasgo de humor decía casi la verdad: los investigadores más jóvenes que trabajan en sus tesis sobre Planck tenían alrededor de 6 u 8 años cuando este fue seleccionado. Podríamos hacer un guiño al título del episodio II de la saga de *La guerra de las galaxias* —*El ataque de los clones*—, que casi podría referirse a nuestras misiones espaciales. Evidentemente no se trata de clones, ya que entre COBE, WMAP y Planck las tecnologías evolucionaron mucho, por no decir que cambiaron por completo. En cambio, algunos de los enfoques metodológicos utilizados, así como el objeto de estudio —el fondo cosmológico y sus minúsculas fluctuaciones— siguen siendo comunes.

El observatorio espacial infrarrojo europeo ISO[15] se lanza en 1995. Refrigerado con helio líquido para mantener la excelente sensibilidad de los detectores y evitar la radiación térmica parásita, completa su misión en 1998, mucho más tarde de lo previsto. Entre otras cosas, ISO nos ayudó a comprender mejor el bestiario de galaxias infrarrojas observadas por IRAS.

1998 es también el año de un importante descubrimiento, realizado por dos equipos independientes que medían las distancias de supernovas extragalácticas (explosiones de estrellas increíblemente brillantes, detectables en otras galaxias). Al comparar el brillo observado de supernovas extremadamente lejanas con su brillo teórico, que depende de su distancia (medida mediante el corrimiento al rojo, o *redshift*), los investigadores descubren una discrepancia. Solo hay una solución: modificar drásticamente el valor de la «constante cosmológica» (Λ, un parámetro del modelo cosmológico en vigor), que los científicos habían considerado hasta entonces igual a cero.

Se trata de un resultado sorprendente: un valor distinto de cero para la constante implica la existencia de una componente de «presión negativa», denominada «energía oscura», que acelera la expansión del universo. Por tanto, el universo se expande cada vez más rápido. El modelo cosmológico sigue siendo coherente y consistente con los datos, a costa de dos grandes interrogantes: ¿qué son la materia oscura y la energía oscura? Desde este gran descubrimiento, que dio lugar a tres premios Nobel[16] en 2011, nos estamos preguntando acerca del origen de esta energía.

El final de la década también es testigo del lanzamiento de experimentos a bordo de globos estratosféricos que vuelan a 40 km de altitud. Estos globos permiten observar durante varias horas seguidas un cielo casi tan puro como si se estuviera en el espacio. También se utilizan para validar un concepto instrumental antes de una misión espacial.

Mi descubrimiento de la cosmología

Mi encuentro con la cosmología se remonta a mi primer año de estudios de física. Tras un año de clases preparatorias (en las que no me divertí demasiado) entré en la universidad, que ofrecía cursos y opciones relacionados con la física contemporánea, en contacto con la investigación que estaba en marcha y con quienes la hacían. Había entre otros un curso excepcional de astrofísica, que abordaba solo ciertos conceptos clave de la física, examinados luego desde múltiples ángulos dentro de un marco astrofísico. Por ejemplo, los efectos de la gravedad, desde las mareas (en la Tierra, o que explican los anillos de Saturno) hasta la dinámica del universo en expansión (en una aproximación clásica).

Hoy en día, en mi curso de mecánica o de astrofísica de primer año en Orsay, intento también dar a los alumnos una visión global y contemporánea de la astrofísica o de las tecnologías espaciales, sin olvidarme de hablar de los últimos avances de la física. Si hablo del concepto de cambio de sistema de referencia (no muy complicado en sí mismo, pero difícil de comprender porque no es intuitivo), lo ilustro con vídeos de vuelos en gravedad cero, en concreto con un clip maravilloso, lúdico y onírico del grupo de rock OK Go[17]. También menciono el sistema de referencia del fondo cosmológico, del que los alumnos no han oído hablar mucho.

Si el objetivo es ilustrar las leyes de conservación (energía, momento angular) y las leyes de Kepler (problema de los dos cuerpos), pongo ejemplos más allá de los planetas del sistema solar, ya poéticamente asociados a las palabras de Stevie Wonder «*You are the sunshine of my life / That's why I'll always be around*» (1972). Puedo elegir entre el movimiento de los exoplanetas en torno a su estrella, el encuentro de una Soyuz con la Estación Espacial Internacional, escenas sacadas de las películas *Interstellar* y *Gravity*, el movimiento de dos agujeros negros en torno a su baricentro (en el límite clásico, pero en relación con la reciente detección de ondas gravitatorias) o los cúmulos de galaxias (con los argumentos que conducen a la idea de materia oscura).

Los estudiantes universitarios están en contacto con los actores de la investigación, que amplían a diario las fronteras del conocimiento. Este contacto directo, para una formación intelectual pluralista, humanista, enriquecedora y de calidad, que combine la excelencia y la apertura a todos (además de ser sólida y profesionalizante), me parece una oportunidad y una apuesta ciudadana.

Un bello comienzo de siglo

Lanzada en 2001, la misión WMAP de la NASA marca la primera década del siglo XXI: durante nueve años mide de manera muy precisa las fluctuaciones del fondo cosmológico y obtiene resultados impresionantes. En 2003 se lanza otro satélite de la NASA: el telescopio espacial Spitzer, que observa galaxias lejanas en el infrarrojo. Hoy día sigue funcionando*.

La década de 2010 fue testigo de los grandes éxitos de las misiones Planck y Herschel de la ESA, con una contribución francesa muy importante. Herschel es el mayor telescopio espacial jamás lanzado (un dato poco conocido): con un diámetro de 3,50 m, supera al telescopio espacial Hubble (2,40 m). Al igual que ISO y Spitzer, se centra principalmente en las galaxias, por lo que es complementario de Planck.

Los experimentos de observación del fondo cosmológico desde tierra no se quedan atrás: el South Pole Telescope (SPT), el Atacama Cosmology Telescope (ACT) y el BICEP2 producen muy buenos resultados, gracias sobre todo a su excelente resolución angular. Los desarrollos previstos para estos experimentos de observación en tierra, que incluyen cámaras aún más sensibles y de mayor tamaño, dotados de más frecuencias y capacidad para medir la polarización, son muy prometedores.

Otros experimentos que han marcado el panorama en los últimos veinte años son el interferómetro ALMA (desierto de Atacama, Chile) y su hermano menor NOEMA

---

* Spitzer fue desactivado en 2020 *(N. del T.)*.

(Francia) para la observación de ondas de radio; los satélites Chandra (NASA) y XMM (ESA), lanzados en 1999, para rayos X; y más recientemente el satélite germano-ruso eROSITA, lanzado en 2019. Para la década de 2020 están previstas numerosas misiones, entre ellas la europea Euclid (véase el capítulo 9) y el James Webb Space Telescope (JWST), que sustituirá al Hubble*. En tierra, el Large Synoptic Survey Telescope (LSST) revolucionará la ciencia de los datos y la astrofísica, ya que observará desde Chile todo el cielo visible en varios colores, casi todas las semanas. Un complemento perfecto de Euclid.

Los retos e interrogantes de hoy

La historia del universo contada por los científicos (astrofísicos, cosmólogos, físicos, observadores, experimentadores y teóricos) puede resumirse en el «modelo estándar del Big Bang caliente», que sigue siendo notablemente coherente a pesar de que existen variantes e imperfecciones. Satisface todas las pruebas observacionales y se ha ido enriqueciendo con el tiempo, alimentado con datos más precisos y reflexiones más complejas, en un intento de responder a dos retos principales.

El primero se refiere a la gran homogeneidad del universo «joven», observada en el 0,0027% de su edad actual, es decir, a unos 370 000 años de edad[18]. Referida a un ser humano de 60 años, esta época corresponde a 14 horas

* Euclid y JWST fueron lazandos el 1/7/23 y el 25/12/21, respectivamente *(N. del T.)*.

después del nacimiento; un médico amigo mío me dice que para el pequeño ser pasan muchas cosas en las primeras horas... Esta es la época de la emisión de la radiación cósmica fósil. La homogeneidad del universo en su conjunto, en términos de temperatura y densidad, es entonces superior al 0,001% (se habla de un «contraste relativo» de 10^5). Lo que parece enigmático es que si ninguna señal había tenido tiempo de circular entre regiones muy alejadas unas de otras (ausencia de «relación causal»), ¿por qué las distintas regiones tienen las mismas propiedades? ¿Cómo explicar su perfecta «sincronización» en la temperatura? Por otro lado, ¿cuál es el origen de las ligeras inhomogeneidades?

Los avances teóricos han desvelado un poco el enigma. Los científicos coinciden ahora en que la homogeneidad del universo está ligada a sus primeros instantes. Según la hipótesis de la inflación cósmica, unos 10^{-35} segundos después del Big Bang el universo estaba dominado por la energía del vacío cuántico. Este tiene un efecto repulsivo fulgurante, que hizo que el universo se expandiera a un ritmo exponencial, multiplicando su volumen por un factor de aproximadamente 10^{60}... En el modelo estándar simple, a partir de las «fluctuaciones cuánticas» de la energía del vacío la inflación produjo perturbaciones de materia (o «gérmenes») que se amplificaron; las galaxias pudieron formarse a partir de ellas.

El segundo reto se refiere, por el contrario, a la gran heterogeneidad del universo actual, estructurado en cúmulos de galaxias y galaxias, y luego, dentro de estas últimas, en estrellas, gas y polvo entre otras cosas, más la materia oscura (dominante y enigmática). ¿Cómo se formaron las primeras estrellas y galaxias? ¿Cómo se formaron las estrellas a partir de gas frío en las galaxias y los cúmulos?

Para explicar uno u otro de estos puntos, el modelo estándar ha evolucionado en variantes, que a veces no son aún contrastables o contienen parámetros libres difíciles de acotar. Los científicos quieren contrastar los modelos con mediciones que permitan distinguirlos y posiblemente excluir algunos. Para ello identifican «observables» que, una vez medidos, puedan utilizarse para confrontar los distintos modelos. El fondo cosmológico sigue siendo un observable importante, ya que sus ligeras inhomogeneidades pueden estar vinculadas tanto a los gérmenes que dieron origen a las galaxias como a los procesos físicos del universo primordial.

Más allá de estos dos retos, las grandes cuestiones actuales de la astrofísica y la cosmología pueden resumirse en cuatro puntos:

- ¿Cuál fue el comportamiento del universo en sus primeros instantes?
- ¿Cuál es la naturaleza de la materia oscura?
- ¿Cuál es la naturaleza de la energía oscura?
- ¿Cómo se forman las grandes estructuras (cúmulos de galaxias y galaxias), incluidos los primeros objetos luminosos del universo?

Estas cuatro cuestiones, que pueden poner en tela de juicio el modelo estándar de la cosmología o de la física de partículas, están en el centro de las investigaciones actuales y de los grandes proyectos en curso, lanzados, previstos o planeados.

La primera alude al escenario de la inflación cósmica, una época extremadamente breve en la que el universo se expandió muy rápidamente. La inflación dejó diversas huellas observables en el universo, algunas de las cuales han sido medidas por el satélite Planck.

La segunda sigue siendo un gran misterio. Existen varias propuestas, que recurren sobre todo a partículas exóticas. Se han barajado numerosos candidatos y combinaciones de mecanismos, pero todavía no se ha producido ninguna detección directa convincente.

La tercera también es un misterio. Se han realizado tímidos avances teóricos y observacionales, a la espera de una avalancha de datos específicos de «nueva generación» dentro de poco.

La cuarta implica una física muy compleja y multiescala, con la materia oscura y la materia ordinaria y sus interacciones. Requiere observaciones difíciles, sobre todo cuando se trata de detectar los efectos de los primeros objetos formados en el universo. Casi a diario se producen avances importantes, pero la complejidad y la variedad de los procesos físicos implicados, asociadas a datos o simulaciones muy finos pero a menudo fragmentarios, hacen que la situación sea complicada.

A continuación vamos a examinar en detalle la larga historia del universo tal y como permite reconstruirla el modelo estándar de la cosmología, así como los problemas que sigue planteando este modelo y el fondo cosmológico, centro de todas las atenciones.

4. Éxitos y problemas del modelo estándar

La teoría actual, que describe bastante bien la historia del universo, ha cosechado grandes éxitos observacionales. Sin embargo, el modelo no carece de limitaciones y sigue habiendo preguntas sin respuesta, y ambas cosas ocupan a los cosmólogos. Haciendo un guiño al sketch *de Alexandre Astier y Muriel Bonnet[1] sobre la física cuántica, el título de este capítulo podría haber sido «El modelo estándar de la cosmología: éxito con reservas».*

Elaborado gracias a grandes avances conceptuales, seguidos de descubrimientos observacionales, el modelo estándar de la cosmología actual tiene puntos fuertes muy sólidos, pero también zonas de sombra y cuestiones abiertas. Su guion, relativamente sencillo, puede resumirse en cinco actos, sujetos a su vez a algunas variaciones. He aquí lo que nos dice sobre el universo.

Historia del universo en cinco actos

Primer acto: el Big Bang y la inflación

El modelo estándar se basa en el concepto de una expansión del universo, iniciada hace 13 800 millones de años por una fase inmensamente densa y caliente conocida como Big Bang. Entre 10^{-35} y 10^{-32} segundos después de este Big Bang, una expansión exponencial hizo que el universo creciera por un factor considerable; es la teoría ya mencionada de la inflación cósmica. Este episodio fue acompañado de la creación de una energía fenomenal, en forma de ondas gravitatorias llamadas «primordiales». Posteriormente, la dilatación global del universo hace que sea cada vez menos denso y más frío. Su contenido es extremadamente homogéneo y su geometría es euclidiana (a veces llamada «plana»).

Segundo acto: los tres primeros minutos

En el universo se produjeron muy pronto, típicamente durante sus tres primeros minutos[2], muchos fenómenos fascinantes. Entre ellos se encuentra la síntesis de partículas, en particular la nucleosíntesis primordial: la síntesis de todos los núcleos de hidrógeno (conocidos como protones) y de casi todos los núcleos de helio, además de una pizca de núcleos de litio. Estos procesos están perfectamente descritos por la física de partículas, la física nuclear, la física estadística y la física de la radiación electromagnética (en resumen, la mecánica cuántica y la termodinámica).

Pequeñas fluctuaciones cuánticas del vacío, expandidas por la inflación, provocan diminutas fluctuaciones de densidad. Bajo la influencia de fuerzas gravitatorias, estas fluctuaciones se estructuran (mucho más tarde) para formar galaxias y cúmulos de galaxias. Así pues, los inicios del universo están marcados por cuatro actores principales (los puristas encontrarán artificial la separación entre materia y energía, ya que ambas son equivalentes en virtud de la famosa $E = mc^2$): el espacio-tiempo, que se curva; la gravedad, que actúa sobre la materia de forma atractiva; la radiación, que transmite la mayor parte de la energía y se opone a la compresión de la materia por la gravedad; y la expansión, que enfría la escena y hace que los procesos físicos estén «fuera de equilibrio».

Tercer acto: en torno a la recombinación

Durante mucho tiempo, el universo fue un plasma de materia cargada eléctricamente y de fotones. Luego vino la recombinación: unos 370 000 años después del Big Bang, a una temperatura ambiente de unos 3000 K, los electrones se unieron con los núcleos atómicos para formar átomos.

Hasta el momento de la recombinación, materia y radiación están acopladas, en equilibrio mutuo: la gravedad tiende a condensar la materia, pero la radiación ligada a esta materia se opone a ello, ejerciendo una fuerte «presión de radiación». El plasma oscila entonces ligeramente —como la superficie de un tambor que vibra— en respuesta a estas fuerzas opuestas, según modos de vibración que dependen de las propiedades del universo en ese momento.

Estas oscilaciones (llamadas «acústicas») de la materia ionizada y los fotones pueden por tanto proporcionar información sobre las fases más tempranas.

En el Sol y en las estrellas se producen oscilaciones acústicas del mismo tipo. Estas oscilaciones transportan la información sobre la física del núcleo a la superficie, donde las variaciones de la radiación electromagnética las hacen detectables. Debido a sus interacciones con la materia ionizada, la luz tarda unos 100 000 años (¡!) en escapar del interior del Sol, para tardar después solo 8 minutos en llegar a la Tierra, que está mucho más lejos pero se encuentra en un medio transparente[3]. La heliosismología y la astrosismología —el estudio de las vibraciones del Sol y de las estrellas— permiten sondear sus interiores opacos sin verlos directamente. Incluso podemos detectar manchas solares situadas en el hemisferio invisible de nuestra estrella. De forma similar, la cosmología nos permite estudiar las vibraciones del universo primordial cuando era opaco a la radiación.

Una observación fascinante: las ecuaciones de las vibraciones son prácticamente las mismas para una estrella (observable cada noche) que para el universo en una fase muy temprana. Este tipo de ecuación —un «oscilador armónico»— es en realidad bastante simple matemáticamente (ecuación diferencial de segundo orden con coeficientes constantes), y los estudiantes la utilizan desde los primeros años de universidad.

Confieso que insisto mucho y con regocijo en este punto en mi curso de primer año de licenciatura, con un efecto casi teatral. Para ilustrar el movimiento de un péndulo simple (un problema que fue abordado por Galileo), hago oscilar un pequeño péndulo improvisado y detallo algunos puntos. Por ejemplo, el periodo de oscilación del péndulo solo depende (aproximadamente) de su longitud siempre que el ángulo de oscilación sea pequeño. Luego señalo que este simple movimiento del péndulo se parece en todo a las vibraciones del universo primordial. A veces propongo otro experimento en vivo: hacer pompas de jabón «gigantes» (las mías no superan los 40 cm de diámetro[4]) y observar cómo se deforman ligeramente. Vibran con modos que les son propios y que nos dicen algo sobre su naturaleza física, al igual que las vibraciones de las estrellas y del joven universo.

Durante la recombinación, la materia se vuelve eléctricamente neutra. A medida que desaparece la materia cargada, la radiación se desacopla de ella y se propaga entonces libremente, formando el famoso fondo cosmológico. La presión de radiación y las oscilaciones acústicas dejan de existir a falta de combate entre la gravedad y la radiación. Pero los efectos de las oscilaciones siguen siendo observables hoy día en las fluctuaciones de temperatura del fondo cosmológico y en la distribución a gran escala de las galaxias.

Cuarto acto: transparencia y formación de estructuras

A pesar de la expansión del universo, los excesos de densidad de materia, iniciados por las oscilaciones interrumpidas, crecen después por colapso gravitatorio. Forman grandes concentraciones (llamadas «halos») que más tarde se convertirán en las estructuras del universo: galaxias y cúmulos de galaxias. Estos halos están dominados por la

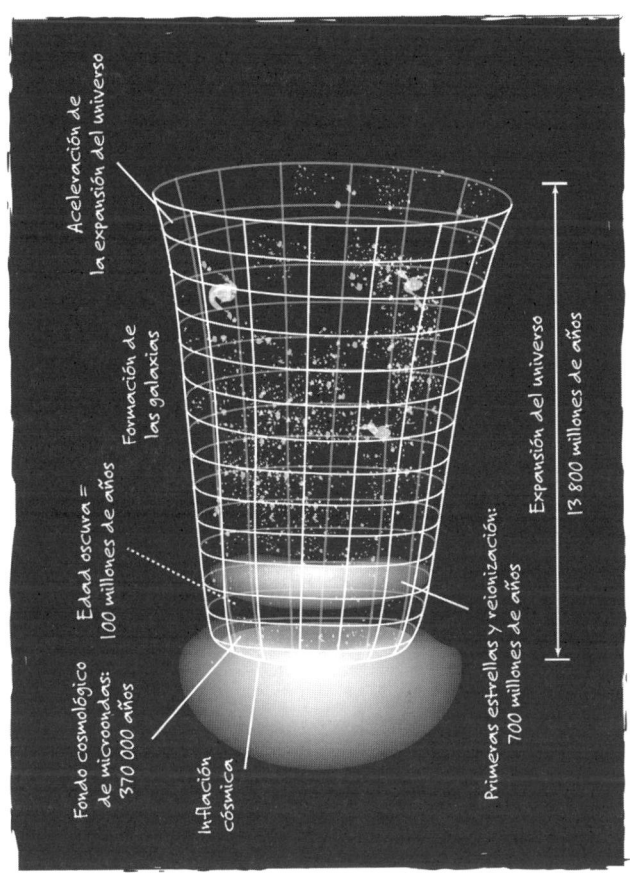

Figura 4.1. Vista esquemática de la historia del universo según la describe el modelo estándar de la cosmología, y confirmada por múltiples observaciones (las últimas de las cuales provienen del satélite Planck). Crédito: según NASA.

materia oscura, cuyo «pozo de potencial gravitatorio» provoca el colapso de la materia ordinaria, que se condensa y enfría, para luego formar estrellas. Los halos y las galaxias, relativamente pequeños en inicio, se fusionan para crear sistemas cada vez más masivos. Esto es, en esencia, lo que predicen la mayoría de los modelos de formación –denominada «jerárquica»– de las estructuras en cosmología.

Algunos cientos de millones de años después del Big Bang se produjo otro fenómeno interesante, en un universo mucho más frío que en el momento de la recombinación (unas decenas de kelvin, frente a los 3000 kelvin iniciales). Las primeras estrellas se encienden entonces en un universo transparente, pero compuesto principalmente de hidrógeno neutro. Su radiación provoca la ionización de los átomos vecinos, separando de nuevo los electrones de los protones. Estas burbujas ionizadas se extienden a partir de cada estrella, para finalmente permear y llenar el universo (veremos que estos electrones libres siguen siendo detectables). Esta época se denomina «reionización».

Quinto acto: la expansión acelerada

Los efectos de la expansión del universo son claramente detectables a escalas muy grandes, más allá de un centenar de megaparsecs. Se observa que esta expansión se acelera, y se recurre a la energía oscura para explicar el fenómeno: domina la dinámica del universo desde hace varios miles de millones de años, tras los reinados de la radiación y luego de la materia.

Receta para un universo caliente según Steven Weinberg

En su famoso libro *Los tres primeros minutos del universo*, Steven Weinberg (Premio Nobel en 1979 por la teoría electrodébil) expone con brillantez y humor su «receta para un universo caliente». Aunque el libro data de finales de los años setenta, sigue siendo absolutamente pertinente en su descripción de la nucleosíntesis. He añadido algunos detalles (entre corchetes):

«Esta es, en resumen, nuestra receta para el contenido del universo primitivo. Tómese una carga [eléctrica] por fotón igual a cero, un número bariónico por fotón igual a una parte en 1000 millones, y un número leptónico [número de electrones y neutrinos, por ejemplo] por fotón incierto pero pequeño. Regúlese la temperatura para que en cualquier momento sea mayor que la temperatura de 3 K [escala de temperatura absoluta] del fondo de radiación actual [fondo cosmológico] en la proporción entre el tamaño actual del universo y su tamaño en ese momento [el factor $1 + z$]. Agítese bien, de modo que las distribuciones detalladas de las partículas de los distintos tipos estén determinadas por los requisitos del equilibrio térmico. Colóquese en un universo en expansión, con una tasa de expansión regida por el campo gravitatorio producido por este medio. Tras una espera suficientemente larga, este brebaje debería convertirse en nuestro universo actual».

En las dos últimas frases se haría hoy la siguiente precisión: añádase materia oscura para hacer que las grandes estructuras surjan más rápidamente, igual que la levadura hace subir una masa, y remátese con energía oscura para acelerar su expansión.

Algunos problemas irritantes

En general, el modelo estándar y sus variantes tienen un gran éxito. No solo concuerdan con muchos observables (fluctuaciones de temperatura en el fondo cosmológico y en la densidad de materia, etc.), sino que también han predicho fenómenos que se han observado posteriormente, como las oscilaciones en la distribución espacial a gran escala de las galaxias.

Con todo, estos modelos siguen tropezando con limitaciones fundamentales. Entre ellas, nuestro desconocimiento de la naturaleza de la materia oscura y de la energía oscura. Otro problema son los detalles de la física de los bariones (la materia «ordinaria»), en particular sus relaciones con la materia oscura, y los procesos de acreción de materia y formación de estrellas. Los modelos solo describen con precisión el comportamiento de la materia oscura. Pero la luz de las galaxias que llega a nuestros telescopios procede principalmente del enfriamiento de los bariones (que conduce a la formación de las nubes interestelares y las estrellas), ¡no de la materia oscura! Para comparar la teoría con la observación necesitamos describir el colapso del gas en galaxias y estrellas, utilizando modelos complejos. Esta es una de las principales dificultades en el estudio de las grandes estructuras del universo y de las galaxias.

La cosmología también avanza a pasos agigantados en el estudio del periodo comprendido entre el final de la recombinación y la era de las grandes estructuras. De varios millones de años de duración (y situado a corrimientos al rojo o *redshifts* que oscilan entre 1000 y unos 20), este periodo, conocido como «edad oscura», precede a lo que se llama púdicamente «los primeros objetos», sin saber exactamente qué son (estrellas, cuásares). Esta edad oscura se caracteriza por un universo neutro y oscuro, no habiendo aún ninguna fuente de luz.

Los primeros objetos luminosos (estrellas, cuásares, o ambos) se forman en grandes estructuras que son «premisas» de las galaxias. Como la única materia bariónica disponible es el hidrógeno y el helio, estas estrellas deben ser muy especiales (el universo actual contiene numerosas especies atómicas, sintetizadas en las sucesivas generaciones de estrellas). Además, brillan intensamente en el ultravioleta, y esta radiación ioniza su entorno, creando burbujas o cavidades «reionizadas» que crecen en un universo neutro. Se habla de reionización porque el universo estaba ya ionizado antes de la recombinación.

La reionización recuerda a los agujeros del queso Emmental: en un momento dado, estos agujeros son los volúmenes reionizados alrededor de las estrellas, mientras que los volúmenes llenos son la materia bariónica neutra. (Reconoce que ahora que conoces el concepto, no volverás a saborear el Emmental de la misma manera). Según simulaciones recientes, las burbujas evolucionan hasta percolar, y el universo se reioniza por completo. Las observaciones han revelado además el final de este proceso, a un *redshift* de aproximadamente 6. Pero la edad oscura, los primeros objetos y el escenario de la reionización siguen encerrando muchos misterios.

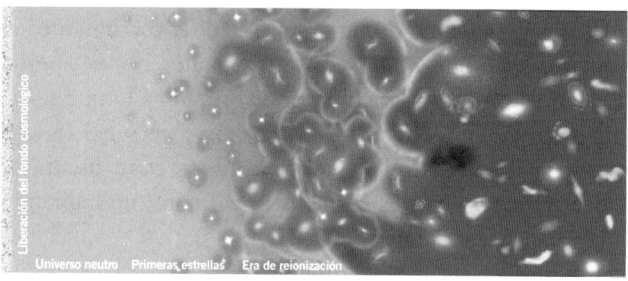

Figura 4.2. Impresión artística de la reionización. El tiempo discurre de izquierda a derecha. Créditos: ESA/ Planck collaboration/ C. Carreau.

La larga historia del universo se puede repasar en el esquema más cuantitativo de la Figura 4.3, en el que se relacionan las principales etapas, la edad, el corrimiento al rojo y la temperatura. El tiempo fluye de izquierda a derecha, con el Big Bang y la inflación a la izquierda (fuera del esquema). Las temperaturas, energías, factores de escala y las principales etapas se pueden visualizar de un solo vistazo: producción de materia oscura, nucleosíntesis, fondo cosmológico, reionización y aparición de grandes estructuras. La tonalidad de esta «trompeta cósmica» indica la componente que domina la expansión. Hasta un *redshift* de 3370 aproximadamente, es la radiación. Le sigue la materia y, más «recientemente», la energía oscura.

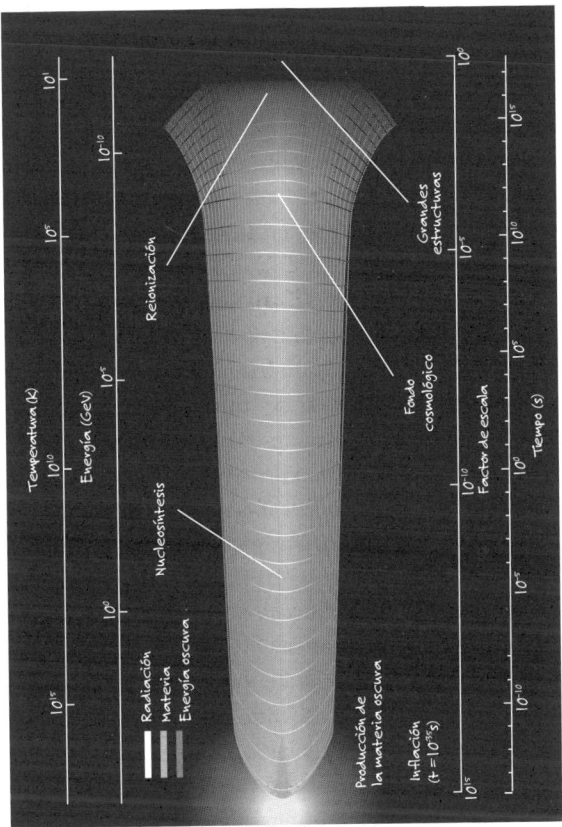

Figura 4.3. Vista esquemática de la historia del universo. El tiempo discurre de izquierda a derecha, representando algunas de las principales fases de la historia del universo. Los ejes horizontales representan la energía (expresada en miles de millones de electronvoltios o GeV), la temperatura, el tamaño relativo (factor de escala, inversamente proporcional al *redshift*) y el tiempo transcurrido del universo en cada época. La producción de materia oscura y la nucleosíntesis primordial tienen lugar durante los primeros centenares de segundos. La expansión del universo está dictada por la radiación, luego por la materia y en nuestros días por la energía oscura. Basado en un gráfico de Guillaume Hurier.

Parámetros del modelo cosmológico estándar: la venganza de los seis

La versión más utilizada del modelo estándar se denomina «modelo ΛCDM». Λ representa la constante cosmológica, CDM significa *cold dark matter* (materia oscura fría, es decir, que sus partículas se mueven mucho más despacio que la luz).

Este modelo contiene seis parámetros principales, entre ellos la densidad global de materia ordinaria (los bariones) y la de la materia oscura fría. A partir de ellos se pueden calcular los valores de otros nueve parámetros (llamados «derivados»), entre ellos la constante de Hubble H_0 (que da la velocidad de expansión actual), la edad del universo y la densidad total de materia (bariones + materia oscura + neutrinos). Podríamos utilizar el título del episodio III de *La guerra de las galaxias* —*La venganza de los Sith*— con una ligera modificación, para que diga: «La venganza de los seis parámetros».

Las medidas más precisas de todos estos parámetros las realizó el satélite Planck y se hicieron públicas en 2015. La edad del universo se estima así en $13,799 \pm 0,038$ mil millones de años, y la constante de Hubble en $67,8 \pm 0,9$ km/s/Mpc. Los lectores interesados en los detalles pueden consultar el artículo científico que resume los resultados de Planck (https://arxiv.org/pdf/1807.06209.pdf; en la tabla 2, columna de la derecha, figuran todos los parámetros).

Estos parámetros se derivan de una comparación entre los datos y el modelo, ya que las observaciones solo pueden interpretarse dentro de un marco teórico. Si dentro de unos años surgiera un nuevo modelo, podríamos volver a analizar los datos de Planck (sin cambios) y deducir otros valores para los parámetros (esta refutabilidad constituye la fuerza del enfoque científico). Pero si este modelo dijera (por ejemplo) que el universo es más joven que las estrellas consideradas más antiguas, estaríamos obligados a cambiarlo. Así pues, existen salvaguardias contra la invención de modelos demasiado descabellados (en el sentido de «demasiado alejados de las medidas validadas»).

La medición de los parámetros del mapa del fondo cosmológico se realiza esquemáticamente en seis etapas:

a) Punto de partida: el mapa del fondo cosmológico sobre todo el cielo.

b) Se proyecta el mapa según escalas angulares independientes (proyección llamada «en armónicos esféricos»).

c) Los cálculos utilizan la proyección en armónicos esféricos (término Y_{lm}) y la intensidad de las fluctuaciones del fondo a una cierta escala y posición en el cielo (términos a_{lm}). El producto de varias intensidades proporciona la potencia a una escala angular determinada. El resultado final es el espectro de potencia de las fluctuaciones (en todas las escalas angulares).

d) Se generan decenas de miles de modelos de los espectros de potencia y se comparan con los datos.

e) Se conservan los modelos que mejor se ajustan a los datos. A veces, varias combinaciones de parámetros dan un ajuste muy bueno (lo que se conoce como «degeneraciones»). Planck reduce enormemente las

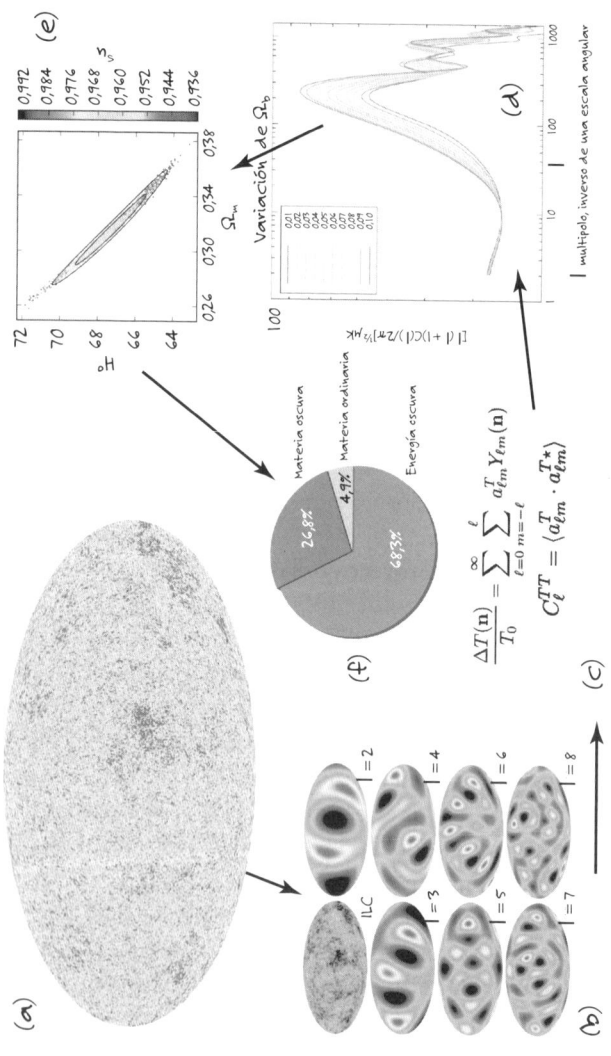

(e)

n_s

0,992
0,984
0,976
0,968
0,960
0,952
0,944
0,936

Variación de Ω_b

(d)

Ω_m

0,38
0,34
0,30
0,26

H_0

72
70
68
66
64

l multipolo, inverso de una escala angular

$[l\,(l+1)C(l)/2\pi]^{1/2}\mu K$

100

Materia oscura

Materia ordinaria

Energía oscura

26,8%

4,9%

68,3%

$$\frac{\Delta T(\mathbf{n})}{T_0} = \sum_{\ell=0}^{\infty} \sum_{m=-\ell}^{\ell} a_{\ell m}^T \, Y_{\ell m}(\mathbf{n})$$

$$C_\ell^{TT} = \langle a_{\ell m}^T \cdot a_{\ell m}^{T\star} \rangle$$

(f)

(c)

ILC

$l=2$

$l=3$

$l=4$

$l=5$

$l=6$

$l=7$

$l=8$

(b)

(a)

incertidumbres midiendo varios picos en la curva del fondo cosmológico.

f) Los valores de los parámetros que han «sobrevivido» se cuantifican con barras de error, para obtener los parámetros cosmológicos finales.

Figura 4.4. De las imágenes de Planck a los parámetros cosmológicos, en seis etapas. (a) Imagen de Planck del fondo cosmológico. (b) La imagen se descompone según varias resoluciones. (c) Se efectúa una operación matemática de correlación para obtener un espectro de potencia angular. (d) Se generan millones de modelos de universo y se comparan con los datos: solo se conservan los mejores modelos que «sobreviven» a esta comparación. (e) Varios modelos son satisfactorios, pero dan valores de parámetros ligeramente diferentes: se calcula entonces la probabilidad y la incertidumbre. (f) Estos parámetros nos dan finalmente el «camembert» cósmico: el carné de identidad del universo, con su composición en términos de materia bariónica, materia oscura y energía oscura.

El fondo cosmológico, principal «reliquia de luz»

Los componentes del universo —en materia y energía— son variados: luz, materia ordinaria (átomos, moléculas, electrones, etc.), neutrinos (partículas elementales que interactúan muy débilmente con la materia, con masas minúsculas y sin carga eléctrica), materia oscura y energía oscura. Sobre los dos últimos componentes se sabe muy poco: desconocidos en el laboratorio, no tienen una explicación teórica clara (aunque hay muchas propuestas), pero se utilizan para explicar efectos bien observados.

En el universo primordial, muy denso, la luz no podía propagarse libremente. Después el universo dejó de ser opaco, durante un breve episodio —conocido como «época de la última dispersión»— que se produjo unos 370 000 años después del Big Bang. La luz que bañaba el universo en aquella época —el fondo cosmológico de microondas, o radiación fósil— sigue estando ahí y ha sido observada por varias generaciones de satélites: COBE, WMAP, Planck. Esta radiación (llamada «del cuerpo negro») nos permite así remontarnos a los primeros días de nuestro universo.

En el momento en que fueron emitidos (su «última dispersión»), los fotones del fondo cosmológico adquirieron una polarización que depende de la velocidad del plasma electrones/fotones en ese instante. El grado y la dirección de polarización de los fotones que llegan desde un punto determinado del cielo proporcionan información adicional sobre el estado del universo en ese momento. Estos datos capitales se utilizan para refinar modelos que antes se basaban únicamente en medidas de las variaciones de temperatura entre distintos puntos.

¿Qué es un cuerpo negro?

Expliquemos un poco este concepto, esencial para comprender el fondo cosmológico. De manera general, se dice que una radiación es «del cuerpo negro» cuando un gas de fotones[5] está en equilibrio termodinámico. También puede expresarse así: en un sistema físico, la distribución de energía de los fotones es la del cuerpo negro cuando la materia y la radiación están en equilibrio termodinámico. Esto requiere alguna aclaración.

¿De dónde procede el nombre de «cuerpo negro»? Por definición, este cuerpo absorbe tanta energía como la que emite (equilibrio termodinámico). Así que, en principio, parece «negro» para un observador exterior, si el sistema físico es cerrado. ¡Pero no hay que dejarse confundir por ese nombre!

El cuerpo negro puede describirse como un gas perfecto de fotones (sin interacción entre ellos) en equilibrio térmico. Si están en un medio material (lo que es casi siempre el caso), la interacción de los fotones con la materia es débil. Para ser precisos: los fotones están en equilibrio con un medio material (o un «recinto») a una temperatura T. Este medio material es necesario para el equilibrio térmico, ya que los fotones no interactúan entre sí. En un cuerpo negro, la energía total se conserva. Pero a diferencia de un gas perfecto de materia, donde el número de partículas es fijo, un gas de fotones tiene un número variable de partículas, determinado por las condiciones del equilibrio térmico.

Ejemplo por excelencia de cuerpo negro es el universo en el momento del equilibrio materia/radiación. Señalemos que el observador se encuentra dentro del «recinto» de este cuerpo negro. Algunos sistemas fuera de equilibrio también tienen una radiación cercana a la de un cuerpo negro, aunque formalmente no sean cuerpos negros (porque, como no se ha alcanzado el equilibrio, el sistema está en constante evolución, disipando energía). Entre esos «falsos» cuerpos negros que se asemejan mucho a los verdaderos están: la atmósfera de una estrella, un dispositivo calibrado específico, la superficie de la Tierra, una atmósfera planetaria.

Los modelos predicen la evolución de la temperatura del «cuerpo negro cósmico» (fondo cosmológico) en función de la época cósmica dada por el *redshift*. Esta temperatura T varía de la siguiente manera: $T = (1 + z) \times T_0$ (siendo z el *redshift* considerado y T_0 la temperatura del fondo cosmológico actual). Esta predicción se confirma observacionalmente sobre un amplio rango de *redshifts*.

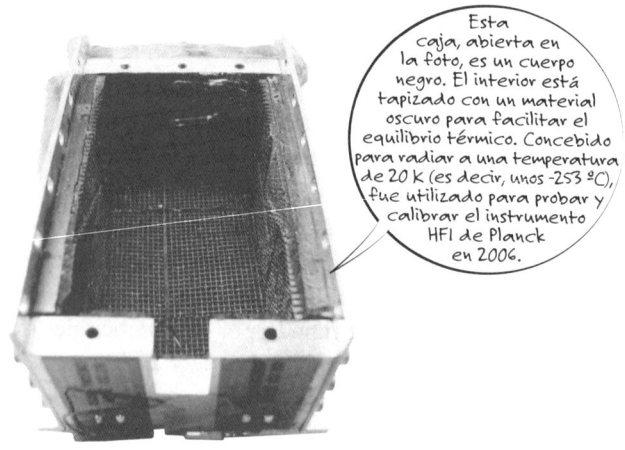

Figura 4.5. Cuerpo negro de 20 K fabricado para la calibración del instrumento Planck/HFI. La calibración tuvo lugar en 2006 en el Instituto de Astrofísica Espacial de Orsay (CNRS/Université Paris-Sud). Crédito: F. Pajot.

El fondo cosmológico, desde la superficie terrestre

Numerosos experimentos terrestres han permitido medir el fondo cosmológico de microondas desde su descubrimiento en 1964. Sin embargo, están limitados a ciertas frecuencias (aquellas en las que la atmósfera es transparente y no brilla demasiado, siendo la molécula de agua un gran estorbo en este caso) y a zonas restringidas del cielo, en aras de mantener una buena calibración y controlar los efectos sistemáticos. Las observaciones actuales se realizan desde el Polo Sur y el desierto de Atacama —una de las zonas más secas del planeta— con radiotelescopios equipados con miles de bolómetros ultrasensibles a la intensidad y la polarización de la luz, para detectar las mínimas fluctuaciones.

Hoy en día, esta radiación puede detectarse utilizando material comercial que es capaz de medir su intensidad de cuerpo negro (pero no sus fluctuaciones). Nuestros alumnos de Máster 2 lo hacen con una antena de televisión por satélite (parabólica) acoplada a un equipo electrónico comercial ligeramente modificado. En Orsay había instalado yo radiotelescopios dedicados a la enseñanza para detectar las ondas de radio del Sol. Mi colega Michel Piat (de la Universidad París-Diderot) dio más estabilidad al sistema de detección y añadió la calibración con nitrógeno líquido. El resultado es que en pocas horas, e incluso en pleno París, ¡los estudiantes reproducen la detección realizada por Penzias y Wilson en 1964!

Ahora que hemos repasado la historia del universo y hemos introducido algunos conceptos cosmológicos, es el momento de centrar nuestra atención en la formidable aventura del satélite Planck.

5.   La gran aventura de Planck

Unos quince años, equipos muy grandes y proezas tecnológicas: todo eso hizo falta para construir el satélite Planck. El resultado es un análisis ultrafino del fondo cosmológico, que ha aportado resultados inestimables sobre los inicios del universo y su composición actual.

Las bases de la misión

Diseñado para medir la intensidad y la polarización del fondo cosmológico con una precisión sin precedentes, el satélite europeo Planck comprende un telescopio de 1,80 metros de diámetro, así como el HFI (High Frequency Instrument, Instrumento de Alta Frecuencia, bajo responsabilidad francesa) y el LFI (Low Frequency Instrument, Instrumento de Baja Frecuencia, italiano). Lanzado, como ya vimos, por Ariane 5 en mayo de 2009, funcionó hasta 2013, mucho más que la duración nominal de 12 meses.

Para obtener con seguridad datos probatorios, Planck escanea el cielo en nueve frecuencias: situadas entre 30 y 857 GHz (aproximadamente entre 0,3 mm y 1 cm de longitud de onda), no forman parte de la gama visible, donde la emisión del fondo cosmológico es demasiado débil. Se prefiere observar allí donde esa emisión es más intensa, en las ondas milimétricas y submilimétricas (es decir, la gama de las microondas).

El satélite gira sobre sí mismo a razón de una revolución por minuto. En consecuencia, un punto determinado del cielo solamente es observado por un detector durante unos milisegundos. Cada día, las observaciones cubren una zona celeste que forma un círculo máximo con una «anchura aparente» de aproximadamente un grado. Planck cubre por tanto la totalidad del cielo en unos 6 meses[1]; el conjunto de los datos obtenidos durante este periodo se denomina *survey*.

Las imágenes completas del cielo obtenidas (mapas) pueden proceder de un solo *survey* o de una combinación de varios de ellos. En estos mapas, las señales astrofísicas proceden de diversas regiones del universo: nuestro sistema solar («luz zodiacal»), nuestra Vía Láctea (radiaciones radio, polvo galáctico), galaxias más lejanas (fuentes puntuales, fondo infrarrojo), cúmulos de galaxias, fondo cosmológico. Los mapas también contienen ruido procedente de los detectores, de la forma en que Planck escanea el cielo y de la propia radiación.

El reto consiste en separar estas distintas señales en los datos para obtener los mejores mapas posibles del fondo cosmológico y de los demás componentes; para ello utilizamos algoritmos de procesamiento. La separación de los componentes de primer plano con un control perfecto de las incertidumbres (sistemáticas y aleatorias) permite en primer lugar optimizar su sustracción para estudiar el fondo cosmológico. También abre la posibilidad de responder a preguntas sobre las grandes estructuras (galaxias lejanas y cúmulos) o las estructuras más cercanas (formación estelar y física del gas en nuestra galaxia).

Grandes retos

El fondo cosmológico es un tema de estudio determinante. Antes del satélite Planck, los datos tendían a favorecer la teoría de la inflación, que da buena cuenta de la increíble uniformidad de ese fondo y de la geometría euclidiana del universo.

Si observamos el fondo cosmológico con poco contraste, vemos una emisión uniforme en todo el cielo: la temperatura y la polarización de esta «primera luz» no varían, sea cual sea la dirección de observación. Dicho con otras palabras, la distribución del fondo cosmológico es isótropa. Tal uniformidad demuestra que el universo era extremadamente homogéneo cuando se formaron los primeros átomos.

Pero al mirar más de cerca se observan minúsculas variaciones de temperatura (una milésima de un punto porcentual) y de polarización (una diezmilésima de un punto porcentual). Estos puntos calientes y fríos, conocidos como «anisotropías», indican que existían pequeñas inhomogeneidades en el universo cuando se liberaron los fotones del fondo cosmológico. Estas inhomogeneidades evolucionaron para formar las galaxias y otras grandes estructuras.

Solo las observaciones a una escala angular muy grande (entre un tercio y la totalidad del cielo), con una resolución angular suficiente y, sobre todo, un control extremo de los efectos sistemáticos (en particular para eliminar los primeros planos), permiten medir con precisión los efectos de la inflación sobre el fondo cosmológico. Una misión espacial que cubra todo el cielo —a diferencia de telescopios como el Hubble, que solo apuntan a pequeñas zonas— es por tanto la respuesta adecuada a este desafío. Las observaciones desde tierra adolecen de una falta de cobertura angular y de grandes efectos sistemáticos ligados a las variaciones atmosféricas y a las longitudes de onda accesibles, a pesar de que alcanzan resoluciones angulares mucho mejores.

Antes de Planck, los datos no bastaban para cribar los numerosos modelos de inflación propuestos, la mayoría de ellos basados en nuevas teorías de la física de altas energías o de la gravitación cuántica. Planck fue diseñado para poder decidir entre estas grandes clases de modelos de inflación. En términos generales, la teoría de la inflación resuelve la cuestión del origen de las perturbaciones cosmológicas: la inflación produce pequeñas inhomogeneidades —con las propiedades estadísticas adecuadas— amplificando las fluctuaciones cuánticas. Al final de la inflación, el universo está lleno no solo de sobre y subdensidades locales, sino también de ondas gravitatorias primordiales. Este estallido de *gravitones* primordiales aún no se ha detectado, pero ciertas anisotropías en la polarización del fondo cosmológico podrían permitirnos ver sus efectos (véase el capítulo 11).

Por último, como la inflación se basa en construcciones teóricas, cabe poner a prueba los fundamentos de la física contrastándola a través del fondo cosmológico. La escala de energía de la inflación, aún poco conocida, podría alcanzar 10^{16} GeV (2 megajulios[32]), es decir, ¡13 órdenes de magnitud más que la energía explorada por el LHC, el colisionador del CERN! El universo primordial constituye así un formidable laboratorio de física fundamental al que tenemos acceso mediante la observación del fondo cosmológico: lo infinitamente pequeño y lo infinitamente grande se dan cita en el estudio de los orígenes y de las partículas elementales.

Aprobado por la ESA en 1996 (tras largos preparativos dirigidos por el IAS, el CNES y laboratorios franceses), Planck no se lanzó hasta 2009, casi diez años después del satélite estadounidense WMAP, aprobado sin embargo el mismo año que Planck.

¿Por qué ese retraso? Porque las estrategias tecnológicas son distintas. La NASA y los equipos del WMAP utilizaron tecnologías preexistentes para garantizar un lanzamiento bastante rápido (en 2001), y observaron varios años seguidos para aumentar la sensibilidad. Europa eligió una vía más ambiciosa (costosa, larga y arriesgada), con el objetivo de obtener medidas y resultados insuperables durante mucho tiempo: desarrollar una nueva tecnología basada en detectores ultrasensibles (bolómetros) enfriados a una temperatura de 0,1 K para alcanzar una sensibilidad sin precedentes. ¡Un año de observación de Planck equivaldría así a unos mil años de observación de WMAP! Merecía la pena embarcarse en nuevos desarrollos, gestionar los riesgos y tomarse unos años más, ¿no?

Alcanzar la precisión necesaria para abordar las dos grandes cuestiones cosmológicas (una relativa a la inflación y la otra a la formación de estructuras) exige disponer de:

- observaciones que cartografíen el cielo en su conjunto, porque los fenómenos que se produjeron al principio del universo cubren ahora una escala angular muy grande (normalmente decenas de grados) como consecuencia de la expansión. Estas observaciones son muy difíciles de realizar desde tierra.
- observaciones con una resolución angular suficientemente fina en comparación con la granularidad del fondo cosmológico (es decir, a escala de unos pocos minutos de ángulo), para medir en detalle las fluctuaciones y los efectos de las grandes estructuras.
- observaciones en la banda milimétrica y centimétrica (microondas y radio), donde el fondo cosmológico es más intenso y donde pueden medirse sus principales contaminantes de primer plano.
- observaciones en intensidad, pero también en polarización de la luz.
- una estrategia de observación que permita caracterizar y controlar perfectamente todos los efectos instrumentales que degradan o afectan la señal. Incluye por tanto muchas redundancias.
- una estrategia de análisis pertinente, para extraer la señal cosmológica de entre las muchas otras señales astrofísicas. Incluye un control por simulación, y sobre una parte de los datos.

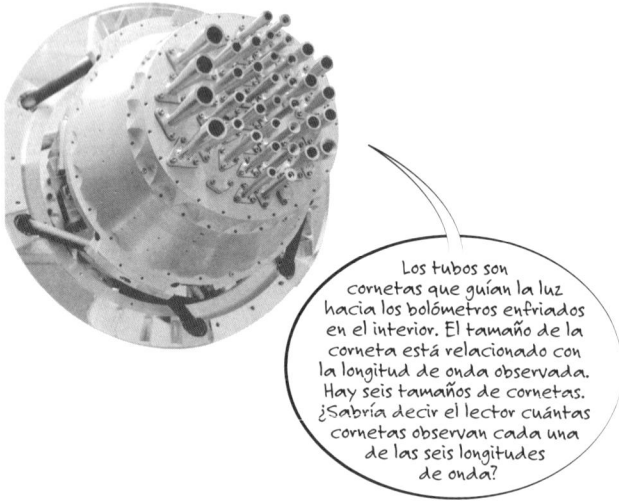

Figura 5.1. Plano focal del instrumento de prueba HFI en el IAS. Crédito: Maryse Charra / IAS.

Quince años de proyecto, de proezas tecnológicas

Las variaciones de temperatura del fondo cosmológico son ínfimas: del orden de diez millonésimas de grado, alrededor de una media de 2,7255 K. Para detectarlas hubo que desarrollar equipos de medida extremadamente fríos. El principal logro tecnológico del satélite fue transportar instrumentos (HFI y LFI) en parte refrigerados a 0,1 K (es decir, alrededor de –273°C), con una estabilidad de una millonésima de grado.

Esta proeza se consiguió apilando varios pisos de refrigeradores innovadores y utilizando radiadores para disipar el calor. Otra proeza inigualada fue el rendimiento de la óptica y la electrónica que manipulan la señal. La construcción del instrumento y la preparación del tratamiento de datos fueron el mayor reto tecnológico y organizativo al que jamás se había enfrentado un consorcio de laboratorios en el sector espacial. A pesar de las dificultades encontradas a lo largo del proyecto, la ambición y los conocimientos técnicos franceses y europeos, en colaboración con Estados Unidos en algunos aspectos (detectores bolométricos, una etapa del enfriamiento), se vieron coronados por un éxito rotundo.

Para los equipos técnicos y científicos fue una gran aventura humana de más de quince años, con un calendario siempre apretado y numerosos problemas debidos a la complejidad de la empresa. Todos seguimos sus progresos con gran entusiasmo y motivación. El diseño, el montaje y las primeras pruebas en tierra fueron apasionantes. Pero los preparativos finales, el lanzamiento y la llegada de los primeros datos fueron realmente la oportunidad de darse cuenta y saborear la magnitud del trabajo realizado[3]. Repasemos las principales etapas de la preparación.

Etapa 1: la calibración

La calibración, primera prueba importante en las principales etapas del desarrollo de un instrumento espacial, es la última operación que se lleva a cabo en los laboratorios y las universidades antes de entregar el instrumento a las agencias espaciales. Establece las «funciones instrumentales» del aparato, es decir, la relación entre el flujo luminoso a su entrada y la señal que emite (de forma muy parecida a como se utiliza una tarjeta para calibrar una cámara fotográfica). Sin esto no podríamos interpretar los datos transmitidos desde el espacio.

No olvidemos que nuestros instrumentos fueron desarrollados específicamente para este propósito: no se venden en el comercio ni son ya conocidos de antemano. Por tanto, hay que someterlos a pruebas intensivas en todas las etapas de su desarrollo, para comprobar que sus características son compatibles con los requisitos fijados (derivados de los objetivos científicos de la misión) y conocer su rendimiento al detalle.

Cada instrumento se coloca en un simulador espacial (que por lo común recibe el nombre de «tanque»), que reproduce las condiciones existentes en el espacio (vacío y temperatura, en particular). A continuación se lo somete a radiaciones adaptadas a su rango de funcionamiento (en cuanto a longitudes de onda e intensidades) para simular sus futuras observaciones. Las señales recogidas se registran y analizan con el software que se utilizará en vuelo.

Las secuencias de medida se automatizan para cubrir todo el dominio de funcionamiento del instrumento, variando diversos parámetros: su temperatura, la longitud de onda, la intensidad, el ángulo de incidencia y las propiedades de polarización de la luz entrante, etc. Para explotar los datos es fundamental saber todo sobre el instrumento.

Nuestro instrumento HFI fue calibrado en 2006 en el IAS de Orsay. Los equipos trabajaron 24 horas al día, 7 días a la semana, durante unas tres semanas (un tiempo muy corto en comparación con el desarrollo del proyecto) para realizar el mayor número posible de pruebas y mediciones. La calidad de esta calibración nos permitió proporcionar después a la comunidad internacional datos científicamente aprovechables, y obtuvimos resultados astrofísicos de la máxima importancia.

Figura 5.2. El plano focal del HFI. En el tanque «Saturno» de una de las salas blancas de la estación de calibración del IAS en Orsay. Crédito: M. Charra / IAS.

Etapa 2: las fases de integración

Tanto para los equipos técnicos como para los científicos, las fases de integración son de las más apasionantes de un proyecto espacial: los elementos concebidos y producidos por separado durante años toman forma. La primera etapa, crucial para la futura explotación de los datos, consistió en calibrar el plano focal del HFI. Luego vino la fase de ensamblaje final, la integración del instrumento en el satélite.

El satélite Planck es particular, en el sentido de que está construido alrededor de los instrumentos HFI y LFI. La integración del satélite y la de los instrumentos son por tanto simultáneas. Todos los equipos trabajan entonces juntos: los fabricantes (Thales Alenia Space, Cannes) para el satélite propiamente dicho, los equipos del IAS y del CNES (asistidos por expertos de los laboratorios cooperantes) para el HFI, y la ESA para el seguimiento del proyecto. Estas operaciones se realizan en la sede del fabricante del satélite, hasta la integración completa de todos los elementos.

Ciertas pruebas solo pueden realizarse si el satélite se encuentra en un entorno espacial: en el vacío, a una temperatura inferior a –265 °C. Esas pruebas se realizaron en el Centro Espacial de Lieja, que suministró el simulador, una gran cámara de vacío revestida de paredes (pantallas) refrigeradas. Las pruebas, en las que participaron todos los equipos técnicos, duraron más de un mes, 24 horas al día, 7 días a la semana.

El final de la prueba marcó el inicio de la campaña de lanzamiento: Planck fue enviado a Kourou por avión.

Figura 5.3. Integración de los instrumentos científicos y del satélite en Thales/Cannes. Crédito: M. Charra / IAS.

Figura 5.4. Instalación del satélite Planck en el simulador espacial del Centro Espacial de Lieja. Crédito: M. Charra / IAS.

Figura 5.5. Salida de Planck (en la caja blanca, al fondo de la aeronave Antonov 124) hacia el Centro Espacial de la Guayana Francesa, desde el aeropuerto de Lieja-Bierset (19 de febrero de 2009). Crédito: A. Arts.

HFI, una cooperación mundial

HFI es fruto del trabajo de más de diez laboratorios[4] e institutos europeos y norteamericanos, así como de empresas industriales. Equipos internacionales desarrollaron y controlaron algunos aspectos altamente tecnológicos: la fabricación de detectores que funcionan a 0,1 K (en el JPL, EE UU), la electrónica que permite reproducir fielmente la señal del detector para producir imágenes (en Italia y en el CESR/IRAP de Toulouse), las ópticas muy frías y el refrigerador que permite alcanzar 4,5 K (en Inglaterra).

El LAL de Orsay suministró el sistema de control/mando para la comunicación con el instrumento y dirigió el estudio sobre los modos de funcionamiento en vuelo. El LPSC de Grenoble suministró la electrónica de gestión de los refrigeradores francés y estadounidense. Estos equipamientos son producto del patrimonio tecnológico desarrollado por estos equipos, llevado hasta el más alto nivel. El IAS, como contratista principal del instrumento, gestionó la calibración y es responsable de las operaciones en vuelo durante toda la misión. Señalemos el papel esencial del CNES, que hizo posible y apoyó el desarrollo de la dilución helio-3/helio-4 para enfriar los detectores a 100 mK.

Etapa 3: la campaña de lanzamiento

Esta campaña comprende las actividades de integración del satélite en el lanzador Ariane 5 (justo debajo de Herschel) y de verificación del funcionamiento del conjunto, así como las operaciones que configuran el satélite y sus instrumentos para el vuelo. Nuestros equipos se unen entonces a los de la plataforma de lanzamiento (el Centro Espacial Guayanés de Kourou) y a los del lanzador. Durante esta campaña, nuestras actividades se prolongaron a lo largo de tres meses, en paralelo con las de los equipos de Herschel.

Los satélites llegan a una primera sala blanca, donde se realizan todas las pruebas funcionales (satélites e instrumentos). A continuación se llevan a cabo las operaciones que deben realizarse poco antes del lanzamiento; en el caso de Planck, se trata de llenar las esferas con helio-3 y helio-4. A continuación, los satélites son transportados a otro edificio situado en una zona segura, donde se llenan los depósitos de hidracina (un combustible muy tóxico que se utiliza para las maniobras en vuelo).

Figura 5.6. Campaña de lanzamiento en Kourou. En el Centro Espacial de la Guayana Francesa: llenado de las esferas con helio para el buen funcionamiento del instrumento HFI. Crédito: M. Charra / IAS.

Se configuran también los instrumentos. Los satélites pasan a continuación al edificio del lanzador para su montaje, operación seguida de nuevo de pruebas funcionales. Planck se coloca debajo de la «campana» que soporta a Herschel, el SYLDA (Système lancement double Ariane, Sistema de lanzamiento doble Ariane).

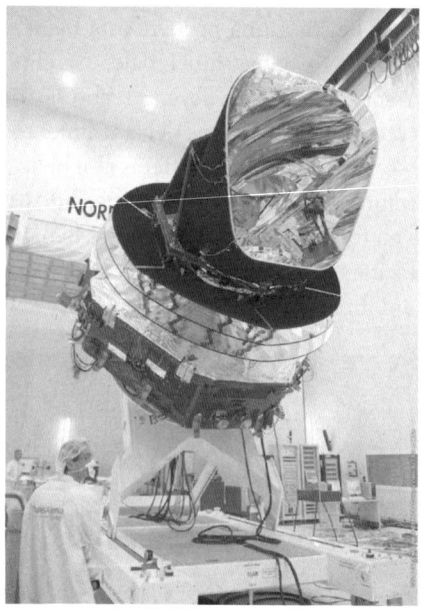

Figura 5.7. El satélite Planck en la sala blanca de Kourou, unos días antes de su lanzamiento junto con Herschel. Crédito: ESA/CNES/Arianespace/CSG/L. Mira.

Ariane 5 despegó el 16 de mayo de 2009. Tras la separación de Herschel y del SYLDA, colocados en trayectorias diferentes, Planck continuó su viaje en paralelo a Herschel.

Juntos, llegaron al punto de Lagrange L2, situado a 1,5 millones de kilómetros de la Tierra (unas cuatro veces la distancia entre la Tierra y la Luna).

Etapa 4: el seguimiento y el control en vuelo

Tras el despegue comienzan las «operaciones en vuelo», que implican el seguimiento y el control a distancia del satélite y sus instrumentos. Las comunicaciones se llevan a cabo desde una estación de la ESA: la antena situada en Australia o, menos frecuentemente, la situada cerca de Madrid. La estación solo se comunica con el satélite una vez al día durante tres horas (Daily Telecommunications Contact Period o DTCP), ya que otras misiones de la ESA (Herschel, Rosetta, Mars Express, etc.) también necesitan comunicarse con tierra: ¡los slots están muy cotizados!

En este breve espacio de tiempo, los datos reunidos en las últimas 24 horas se transmiten a tierra (*downlink*) antes de ser enviados al Mission Operation Center (MOC) de la ESA en Darmstadt (Alemania). Los ingenieros del MOC pilotan el satélite: dinámica de vuelo, seguimiento operativo y operaciones de mantenimiento. Asimismo, ponen los datos a disposición de los dos centros de procesamiento del consorcio Planck.

El Instituto de Astrofísica Espacial (IAS) de Orsay, que recupera los datos de HFI, es a la vez el punto de entrada del tratamiento de los datos de Planck (recuperación y primer nivel de tratamiento) y el centro de operaciones de HFI. En el IDOC (Integrated Data and Operation Center) está instalada una sala del IAS con una batería de ordenadores para seguir en tiempo real (3 horas al día) los datos que llegan del satélite situado a 1,5 millones de kilómetros. Ingenieros y científicos trabajan 24 horas del día para controlar los parámetros de funcionamiento y la calidad de las señales recibidas.

Algunos de nosotros tenemos recuerdos conmovedores del DTCP a las 3 de la madrugada, a la espera de la señal verde en la pantalla de control, indicativa del flujo de datos desde Planck. Después de la fase crítica de prueba y calibración en vuelo (Calibration and Performance Verification o CPV), preferimos no tener que acudir al laboratorio en mitad de la noche, sino poder conectarnos de forma segura desde nuestros domicilios. Una experiencia memorable: acceder a datos en tiempo real de un satélite a una distancia cuatro veces superior a la de la Tierra-Luna, ver datos sobre nuestra Vía Láctea y el dipolo del fondo cosmológico... en tu portátil, sin salir de casa, en pijama a las 3 de la madrugada, escuchando música para no dormirte.

Esta vigilancia es fundamental para detectar cualquier fallo, sobre todo en la cadena criogénica que permite a los detectores funcionar nominalmente a 0,1 K. Una interrupción de pocas horas en esta cadena provocaría un calentamiento casi inmediato de todos los elementos y exigiría un nuevo «arranque en frío» de aproximadamente una semana de duración. Durante este tiempo, el instrumento seguiría consumiendo la preciada mezcla de helio-3/helio-4, y su corta vida útil se reduciría aún más, al igual que la captura de datos... Por otro lado, los científicos e ingenieros aprovechan las horas de vigilancia para seguir procesando y analizando los datos.

Una vez formateados, los datos viajan al centro de procesamiento del IAP, punto estratégico donde se crean los mapas definitivos.

Etapa 5: el procesamiento de datos

Aunque cabe distinguir varias etapas en el trabajo de análisis de datos, hay que tener en cuenta que los científicos, incluso cuando se concentran en un determinado aspecto, tienen que hacer muchas idas y venidas entre las diferentes etapas.

Como cualquier telescopio, Planck recoge fotones que, al interactuar con los detectores, producen variaciones de la tensión eléctrica. Inicialmente, por tanto, los datos son una colección de medidas en determinadas unidades instrumentales (voltios u otras). La primera etapa consiste en sustraer de la señal los inevitables efectos parásitos: contaminación por radiación cósmica de alta energía, derivas de baja frecuencia, efecto de las «constantes de tiempo» de la cadena de detección, etc.

Tras este tratamiento, los datos pueden proyectarse en forma de mapas (imágenes del cielo), que son la base de los análisis científicos: contienen toda la información. La forma de analizar los mapas depende de la ciencia que se quiera extraer de ellos: según que se estudien las propiedades de objetos individuales, las propiedades estadísticas de una clase de objetos o un tipo de radiación, se utilizan técnicas de tratamiento de imágenes, de análisis estadístico y probabilístico o de fotometría.

Uno de los retos del análisis de datos es la calibración de los datos procedentes de los instrumentos del satélite: convertir las medidas realizadas por los detectores en unidades comparables con los modelos teóricos (por ejemplo en kelvin, a través del electronvoltio). Una parte de la calibración se realizó en tierra, mientras que otra —que solo puede hacerse en vuelo— requiere conocer las características específicas de determinadas fuentes astrofísicas, para caracterizar Planck en el momento de observarlas. Pero para hacer la comparación se necesita combinar los datos de Planck con los de otros instrumentos, que a su vez tienen diferentes fuentes de incertidumbre que hay que identificar y tener en cuenta.

Luego está el reto de la relación señal/ruido: a pesar de la extrema sensibilidad de los detectores de Planck, dicha relación sigue siendo muy baja, lo que tiene dos consecuencias. En primer lugar, es necesario acumular un gran número de medidas para reducir el ruido estadístico, lo que implica gestionar un enorme volumen de datos (varios terabytes). El número de mediciones individuales en el cielo se acerca al billón.

La segunda consecuencia es una dificultad algorítmica. Las operaciones matemáticas de tratamiento de la señal y de extracción de información son complejas y costosas en términos de recursos informáticos. Se necesitan superordenadores para llevarlas a cabo en escalas de tiempo «humanas». La baja relación señal-ruido de los datos iniciales (incluso con mapas finales dominados por la señal) obliga a recurrir a largas y complejas simulaciones y a estimaciones estadísticas llamadas de Monte Carlo (basadas en extracciones aleatorias). Cada vez hay que remontar toda la cadena de procesamiento para ver el impacto de un parámetro en los resultados.

Planck se apoya en una infraestructura informática desarrollada específicamente para él y en ordenadores masivamente paralelos, en el IAP (un clúster dedicado a Planck con 1128 núcleos que ofrecen 13 teraflops) y en centros de cálculo como el IN2P3 de Lyon y el NERSC de Berkeley (EE UU), que disponen de hasta 38 000 procesadores. La creación de las imágenes de Planck de todo el cielo a partir de los datos brutos requiere unos dos días de cálculos en la máquina del IAP dedicada específicamente a ese fin, utilizando algoritmos desarrollados por los laboratorios de Orsay (LAL), París (IAP) y Grenoble (LAOG y LPSC). Esto equivaldría a unos seis años de cálculos en un ordenador personal, suponiendo que dispusiera de suficiente memoria, disco duro (unos 200 terabytes) y capacidad de acceso a los discos (la máquina dedicada a Planck puede leer y escribir el equivalente de 11 CD-ROM por segundo).

Tanto si buscamos la temperatura del fondo cosmológico de microondas como su polarización, el tratamiento de los datos es muy similar: los mismos efectos instrumentales, superposición de los mismos componentes celestes. Pero la señal de polarización es mucho más débil que la de temperatura (en varios órdenes de magnitud), lo que requiere un control aún mejor de todos los efectos parásitos. Estamos llegando al límite de las capacidades del instrumento y de lo que sabemos hacer con esta generación de telescopios. Por primera vez la limitación no proviene del ruido instrumental, sino de nuestra capacidad para modelar y sustraer los primeros planos astrofísicos todo lo bien que haría falta.

Un gran número de profesiones para un amplio abanico de talentos

Además de una extraordinaria aventura científica, la misión Planck es también una aventura humana apasionante. Con más de 500 científicos e ingenieros (y muchos más si contamos a los industriales y subcontratistas), el proyecto reunió un amplio abanico de disciplinas: administración, contabilidad, gestión de proyectos, mecánica, electrónica, criogenia, óptica, térmica, informática, comunicaciones, etc. Todos los talentos son útiles para el éxito de semejante empresa: tanto si se es técnico, investigador, administrador, ingeniero o estudiante, hay sitio para todos en un proyecto espacial de envergadura.

Aunque aún estamos lejos de alcanzar la paridad, la presencia de la mujer en estas disciplinas científicas y técnicas es muy real. Directoras de proyecto, jefas de departamento o investigadoras están mostrando brillantemente a las jóvenes generaciones que las mujeres tienen su sitio en estos campos y que las carreras en ellos son apasionantes.

Puede parecer obvio que las mujeres son brillantes y que pueden acceder a estas profesiones, pero sigue sorprendiéndome el peso de los estereotipos. Con ocasión de una charla en un instituto de secundaria junto con dos colegas que son ingenieras espaciales, participé en una sesión de preguntas y respuestas. Varias estudiantes expresaron su sorpresa (y alegría) por el hecho de que este tipo de profesiones técnicas, científicas y responsables fueran posibles para una mujer, algo que antes les parecía impensable. Es triste ver que la autocensura (sin duda alimentada por un contexto sociocultural) y la sociedad en su conjunto actúan a veces desde muy pronto, privando a las personas de sus sueños (y a la sociedad de sus talentos)...

Avances tecnológicos liderados por mujeres

El siguiente tuit del Instituto Tecnológico de Massachusetts (MIT) muestra a una de las científicas de la colaboración EHT, Katie Bouman (1989-...), a la izquierda, con gran número de discos duros de datos relativos al agujero negro M87, al lado de Margaret Hamilton (1936-...), a la derecha, que entre otras cosas dirigió el desarrollo del software para pilotar el módulo lunar Apolo en los años sesenta. Es importante señalar que los avances científicos y tecnológicos también están liderados por mujeres, por lo que es vital proponerlas como modelos para las nuevas generaciones.

MIT CSAIL @
@MIT_CSAIL

Left: MIT computer scientist Katie Bouman w/stacks of hard drives of black hole image data.

Right: MIT computer scientist Margaret Hamilton w/the code she wrote that helped put a man on the moon.

(image credit @floragraham)

#EHTblackhole #BlackHoleDay #BlackHole

5:58 PM · Apr 10, 2019 · TweetDeck

65.8K Retweets   **147.2K** Likes

Crédito: MIT y Flora Graham.

Otro aspecto humano interesante del proyecto Planck fue el haber mezclado a astrofísicos y físicos de partículas, dos comunidades con enfoques y métodos de gestión diferentes. El choque cultural fue tan grande como los resultados científicos.

¡Llegan los datos!

Quienes vieron los primeros datos de Planck se acordarán siempre. Durante la fase de prueba, los periodos de conexión con el satélite eran más largos y podíamos observar la llegada de los datos desde Orsay. ¡Qué emoción ver aparecer los escáneres del cielo (los círculos máximos escaneados por Planck, observados por los 52 bolómetros)! Estábamos recibiendo la señal del instrumento en directo: la potencia luminosa recibida en función del tiempo. Por primera vez aparecía directamente una curva sinusoidal —correspondiente al dipolo del fondo cosmológico, con una intensidad de algunas milésimas de kelvin—, mientras que los instrumentos anteriores necesitaban semanas de acumulación de datos antes de ver esa señal. Con Planck bastaban unos milisegundos.

Las series temporales de los bolómetros (Figura 5.8) son ricas en información. Un equipo trabajó durante varios meses para limpiar los datos brutos de señales parásitas: se observan picos más o menos breves (poéticamente llamados *glitches*), debidos a la energía de las partículas cargadas procedentes de los rayos cósmicos o del viento solar. Una vez modelizados y sustraídos estos *glitches*, a costa de una pérdida de datos de alrededor del 10% (había casi dos *glitches* por segundo, mucho más de lo esperado), aparecen con claridad las señales astrofísicas.

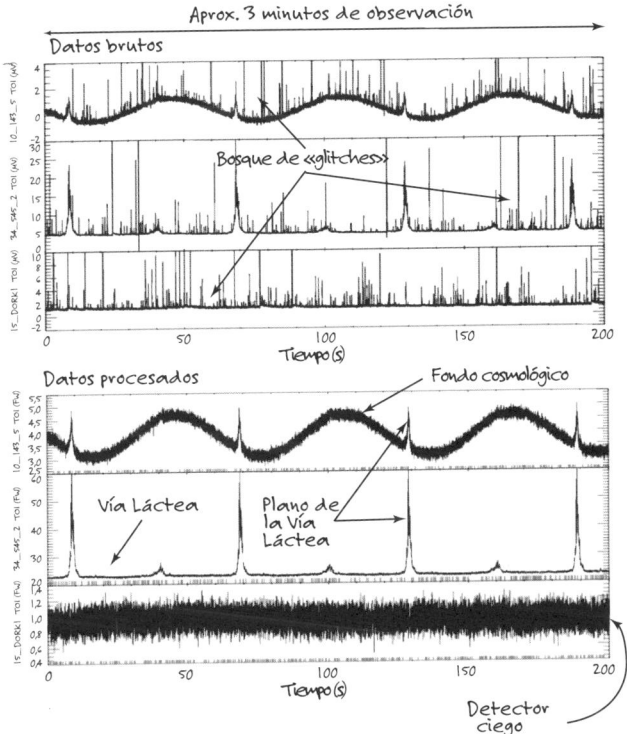

Figura 5.8. Señales de 3 bolómetros de Planck antes y después del procesamiento de datos. Arriba: bolómetro de 143 GHz, frecuencia en la que el fondo cosmológico es muy intenso. Centro: bolómetro de 545 GHz, frecuencia en la que la Vía Láctea, nuestra galaxia, es más intensa. Abajo: bolómetro ciego, sensible solamente al ruido. De la colaboración Planck, 2011, VI.

Entre 100 y 217 GHz, en las ondas milimétricas, dominan las emisiones procedentes del fondo cosmológico y de nuestra galaxia. Los bolómetros detectan, en cada círculo máximo, la señal del dipolo cosmológico, dando lugar a esa variación cíclica en forma de sinusoide. A esto se añade un pico que representa el plano de nuestra galaxia. El grosor de la línea, más ancha en unas frecuencias que en otras, se debe a las fluctuaciones del fondo cosmológico a pequeña escala.

Entre 353 y 857 GHz la señal está dominada por el polvo de la galaxia. Así pues, se observan dos picos importantes, correspondientes a los pasos por el plano de la Vía Láctea. Los picos coinciden en todas las frecuencias.

En cuanto a los bolómetros «ciegos», son sensibles a los ruidos instrumentales y a los *glitches*, de ahí su importancia para medir los efectos sistemáticos y el nivel de ruido.

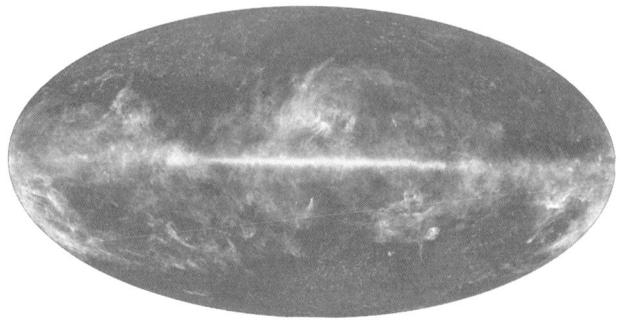

Figura 5.9. La totalidad del cielo observado por Planck en microondas (primer año de operaciones). Crédito: Consorcio ESA, HFI y LFI.

El primer registro (*first light survey*, o registro de la primera luz), realizado en unos días, sirvió entre otras cosas para afinar los parámetros para el escaneo del cielo. Como todo estaba perfecto, este sondeo fue integrado en los datos finales. Estas medidas preliminares resultaron ser muy prometedoras, con una agradable sorpresa en lo que respecta a los parámetros de HFI: una temperatura tan estable como se deseaba (en torno a 103 mK), por lo que el caudal de helio requerido era mínimo (mientras que se esperaba un caudal mediano). La misión iba por tanto a durar más de los 12 meses previstos.

En julio de 2010, la colaboración Planck publicó la primera bella imagen de la totalidad del cielo observado. Los resultados se dieron luego a conocer en forma de publicaciones científicas especializadas, revisadas por pares, en cuatro grandes fases: 2011, 2013, 2015 y 2018. A continuación vamos a resumir los principales resultados, que apenas podrán dar una idea de la riqueza de más de 100 publicaciones. La colaboración Planck ha recibido premios de prestigio, como el Premio Gruber en 2018 (dotado con 500 000 dólares), y Jean-Loup Puget el Premio Shaw (a veces llamado el «Premio Nobel asiático») en 2018, dotado con un millón de dólares, gran parte de los cuales los donó a fundaciones.

Arquitectura criogénica de Planck

El sistema de refrigeración de Planck utiliza nuevas tecnologías. Como el panel solar y la electrónica de a bordo calientan la base del satélite, es necesario aislar el telescopio y los instrumentos científicos. Un primer enfriamiento pasivo a –225 °C (50 K) tiene lugar a nivel de los radiadores (pantallas negras) por radiación térmica (el intercambio de calor por conducción es imposible en el vacío).

A continuación se utilizan dos refrigeradores sucesivos para alcanzar –253 °C (20 K) y después –268 °C (4,5 K). En la última etapa, una primera parte del sistema criogénico enfría hasta –271,4 °C (1,6 K). Funcionando por expansión Joule-Thomson de la mezcla helio-3/helio-4, preenfría los gases de dilución y los filtros del instrumento HFI. La segunda parte de este sistema enfría hasta –273 °C (0,1 K). Funciona por dilución de helio-3 en helio-4 en circuito abierto y evacuando luego la mezcla al espacio. La misión finaliza cuando se agota todo el helio.

Datos de gran calidad

Los datos de Planck, publicados en 2013 (misión nominal, dos sondeos del cielo), luego en 2015 (misión completa, cinco sondeos) y reanalizados en 2018, eran impresionantes. Y en cuanto a su impacto mundial, por primera vez la portada de un gran diario norteamericano (*The New York Times*) estuvo dedicada a los resultados de un satélite mayormente europeo. Este entusiasmo se debe sin duda al hecho de que con el fondo cosmológico se sondean los orígenes del universo, y ese tema fascina al género humano. Además, el notable aumento de la resolución angular —y aún más de la sensibilidad— en comparación con los satélites anteriores permitió llevar a cabo un análisis muy fino. Como hemos visto, los datos dan lugar a imágenes del cielo (mapas) en 9 frecuencias diferentes. Con estos mapas se identifican las emisiones luminosas que contaminan el fondo cosmológico, etapa previa para su modelización y, a continuación, para su sustracción al objeto de obtener un mapa del fondo cosmológico.

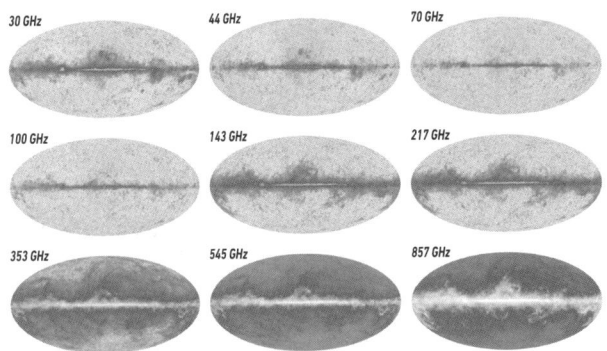

Figura 5.10. Las nueve imágenes del cielo observadas por Planck. Tres con el instrumento LFI de baja frecuencia (ondas centimétricas) y seis con el instrumento HFI de alta frecuencia (ondas milimétricas). Las tres imágenes centrales, de 70, 100 y 143 GHz, muestran principalmente el fondo cosmológico, ya que las emisiones perturbadoras de primer plano son menos pronunciadas. Crédito: ESA / Planck Collaboration.

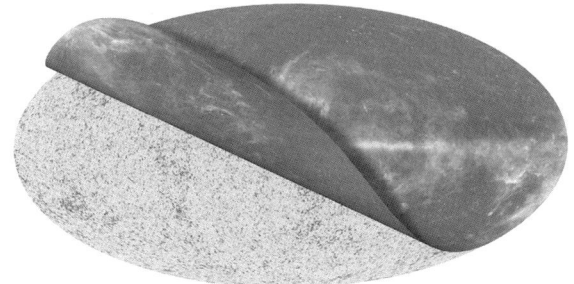

Figura 5.11. Una vez medida, modelizada y sustraída la radiación de primer plano, aparece el fondo cosmológico. Crédito: ESA / Planck Collaboration.

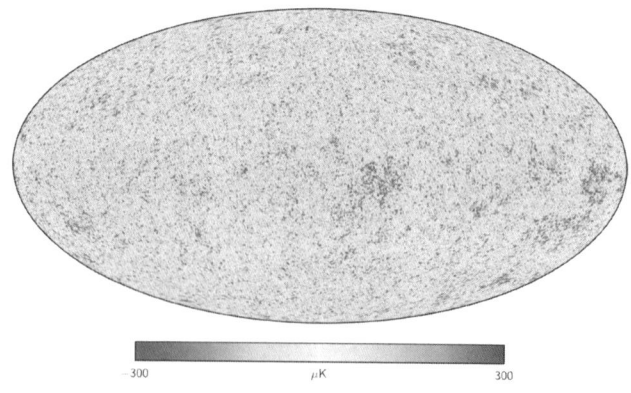

Figura 5.12. La imagen más precisa del fondo cosmológico en intensidad, o el universo de hace 370 000 años (a un *redshift* de 1090), observado por Planck en todo el cielo. La unidad es la millonésima de kelvin. Crédito: ESA / Planck Collaboration.

Del fondo cosmológico a los parámetros cosmológicos

El análisis estadístico (o el espectro de potencia angular, Figura 5.13) de las fluctuaciones del fondo cosmológico revela que su distribución (en tamaño) está dominada por estructuras que miden aproximadamente un grado de ángulo. Están asociadas al primer pico del espectro (el primer «armónico»). La resolución angular de Planck permitió medir 7 armónicos (o picos acústicos), en intensidad o temperatura. Una gran primicia. Es más: estudiando la polarización de la luz pudimos medir 19 picos, correlacionando los mapas de temperatura con los mapas de polarización.

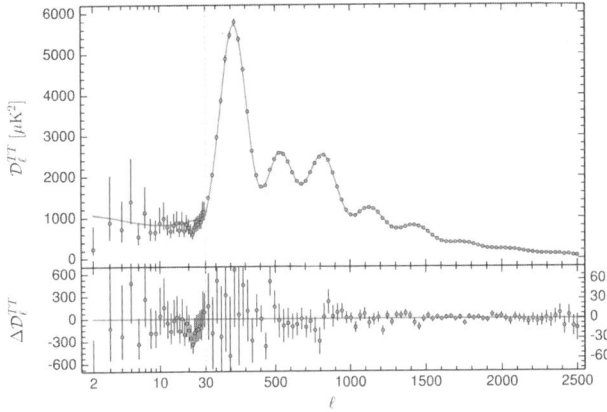

Figura 5.13. Concordancia entre los datos de Planck y el modelo cosmológico. Se compara el espectro de potencia angular del fondo cosmológico de los datos de Planck (símbolos) con el modelo cosmológico (curva). Este espectro de potencia muestra, en función del multipolo (la inversa del tamaño en el cielo), la intensidad de la señal cosmológica. En la parte inferior se muestra el residuo, la diferencia entre los datos y el modelo: nótese la buena concordancia entre el modelo y los datos. Crédito: ESA / Colaboración Planck.

El análisis de este espectro de potencia permite medir los parámetros cosmológicos que describen el contenido de materia ordinaria y oscura, neutrinos o energía oscura en el universo. Estos ingredientes (designados respectivamente por Ω_b, Ω_c, Ω_ν, Ω_Λ) se dan como proporción de la densidad total de energía del universo.

Otros parámetros cosmológicos proporcionan información sobre las condiciones del universo: su edad (a través de la constante de Hubble H_0, que mide la tasa de expansión), su geometría (a través de su parámetro de curvatura Ω_K), su grado de neutralidad, etc. El brillo de las estructuras que miden un grado (amplitud del primer pico acústico) y su tamaño exacto dependen respectivamente de la densidad total de energía y de la curvatura del universo. El brillo relativo de las estructuras que miden menos de un grado (amplitud relativa de los picos primero, segundo y tercero) depende de la cantidad de materia ordinaria y de materia oscura.

El conjunto de los parámetros se mide mediante un complejo estudio estadístico en el que se tienen en cuenta (además del fondo cosmológico) las distintas señales de primer plano. El espectro de potencia se compara con miles de modelos cosmológicos con parámetros variables. El objetivo es encontrar el conjunto de parámetros que mejor representa el modelo completo del cielo, habida cuenta de las observaciones. Solo «sobreviven» los modelos (y parámetros cosmológicos) que mejor concuerdan con las observaciones y sus incertidumbres.

El universo visto por Planck

El análisis estadístico del fondo cosmológico también proporciona una imagen más clara del proceso de inflación. En este escenario, la distribución de las perturbaciones de materia no depende de su tamaño físico. Esta distribución se caracteriza por un índice (n_s) que expresa una «variación de granularidad» en función de la escala. En el contexto de la inflación se predice que este índice se sitúa en torno a −0,96. Por otra parte, las perturbaciones deben ser adiabáticas (en equilibrio térmico). Por último, en los modelos más sencillos y corrientes de la inflación, las inhomogeneidades del fondo cosmológico siguen una distribución de forma gaussiana. Cualquier desviación de esta «curva de Gauss» apuntaría a otro modelo de inflación.

La calidad de los datos y los análisis estadísticos avanzados permitieron obtener todos los parámetros cosmológicos con una precisión sin precedentes. Lo cual permitió «revisar la composición» del universo (de hecho, las densidades de energía): las cantidades de materia ordinaria y de materia oscura deben incrementarse un 10% con respecto a las estimaciones anteriores, y la cantidad de energía oscura debe reducirse en la misma proporción.

Planck estableció un parámetro de curvatura comprendido entre –0,01 y +0,01: nuestro espacio es, por tanto, «plano» (su geometría es euclidiana). También estableció la edad del universo: 13 800 millones de años, 100 millones de años más que el resultado obtenido midiendo la distancia de las supernovas. La constante de Hubble es igual a 67,15 km/s/Mpc, un 10% menos que las estimaciones anteriores (el universo se expande a menor velocidad).

Las medidas de Planck dan un apoyo determinante y preciso al paradigma estándar de la inflación. En primer lugar, demuestran que el índice n_s es efectivamente de –0,96 (con una precisión de un 1%) y, en segundo lugar, que la distribución de las inhomogeneidades en el fondo cosmológico es gaussiana.

La medida de la polarización a escalas inferiores a un grado y la concordancia sin igual con una curva gaussiana establecen también definitivamente la naturaleza adiabática de las perturbaciones de materia. ¡Un avance cosmológico muy importante! Ahora tenemos una imagen más clara del estado del universo una fracción de segundo después del Big Bang.

Otra medida de interés, publicada durante los veranos de 2016 y 2019, es la de la opacidad debida a la dispersión de la radiación por los electrones libres. El valor hallado por Planck es inferior a los anteriores, lo que indica que la reionización del universo tuvo lugar más tarde (a un *redshift* estimado entre 7,8 y 8,8).

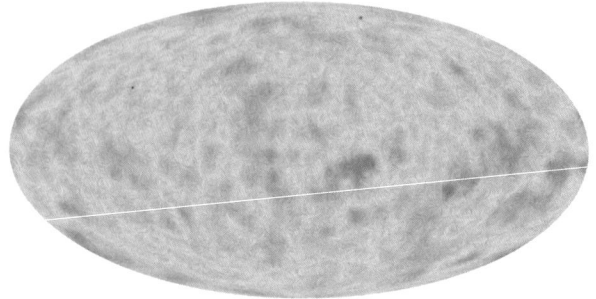

Figura 5.14. Polarización del fondo cosmológico. Planck mide (por primera vez con este grado de precisión) la polarización de la luz del fondo cosmológico, representada por los bucles de la imagen. La resolución angular está ligeramente degradada en comparación con la imagen de intensidad para aumentar la señal polarizada. Crédito: ESA/Planck Collaboration.

La red cósmica

Las perturbaciones de densidad creadas en los primeros instantes del universo atraen la materia (por gravedad) y crecen. A continuación evolucionan por fusiones sucesivas y se organizan en forma de filamentos o incluso de una compleja red. Cuando adquieren la densidad suficiente, estas estructuras forman en su seno las primeras estrellas. Dan así lugar a las primeras galaxias, que evolucionan bajo la forma de los conjuntos que conocemos hoy (galaxias, cúmulos, etc.), situados a lo largo de los filamentos de la red cósmica o en sus intersecciones.

Los investigadores disponen de dos métodos para visualizar la red de filamentos de materia oscura. El primero consiste en estudiar la distribución de las galaxias en el espacio y en el tiempo. El segundo consiste en analizar cómo estos filamentos curvan los rayos de luz procedentes de galaxias lejanas (debido a su gravedad), distorsionando así sus imágenes. Este efecto, conocido como «lente gravitatoria débil», actúa también distorsionando y suavizando los motivos más pequeños del fondo cosmológico (ángulos de algunos minutos de arco).

Los equipos de Planck han utilizado estas distorsiones en el análisis fino de los mapas para reconstruir la distribución subyacente de la materia oscura. Por primera vez se visualiza —en todo el cielo— la acumulación de materia oscura a lo largo de la línea visual. Como veremos en el capítulo 7, Planck ha proporcionado un mapa completo de la materia oscura y ha determinado sus propiedades estadísticas.

Esta materia oscura esparcida por el universo representa en cierto modo todos los recintos en los que se han formado y han evolucionado las galaxias. Reciben el nombre de «pozos de potencial de materia oscura». A ello se agrega también el gas de los cúmulos de galaxias, que alcanza allí temperaturas extremas (en torno a los cien millones de grados).

Cruzando la cartografía de la materia oscura con las posiciones de las galaxias y cúmulos conocidos, la colaboración Planck ha demostrado brillantemente que el «modelo jerárquico» de la formación de estructuras cósmicas describe con exactitud la distribución y agregación de objetos, remontándose hasta tiempos remotos (un *redshift* de aproximadamente 2).

Los cúmulos de galaxias

Los cúmulos se forman en la intersección de los filamentos de materia oscura de la red cósmica. En estos pozos de potencial la materia ordinaria se calienta, en forma de un gas tenue, a decenas o cientos de millones de grados. La luz del fondo cosmológico interactúa con este gas caliente: al salir de los cúmulos, los fotones tienen algo más de energía que cuando entraron, porque los electrones «calientes» ceden parte de su energía a los fotones «fríos». Este proceso se conoce como «efecto Sunyaev-Zeldovich» (o «efecto SZ»).

Los datos de Planck revelan este efecto en la dirección de los cúmulos de galaxias, en la forma de un déficit de brillo (una sombra) o un exceso de brillo, según que la frecuencia sea inferior o superior a 217 GHz (aproximadamente 1,3 mm de longitud de onda). Esta manifestación espectral tan característica hace que Planck sea extremadamente adecuado para el descubrimiento de cúmulos de galaxias, hasta en las épocas más lejanas. Los investigadores han identificado así unos 1600 cúmulos, y sobre todo, gracias a Planck, han descubierto más de 450 nuevos cúmulos y supercúmulos. Entre ellos se encuentra el cúmulo masivo más lejano conocido hasta la fecha (a un *redshift* de 1, lo que resulta bastante asombroso dado que esta categoría de objetos es más bien «reciente», mientras que se encuentra a la mitad de la edad del universo, es decir, lejos).

Estos datos permiten comprender mejor la física de los cúmulos y medir ciertos parámetros cosmológicos que influyen decisivamente en la formación de estos objetos tan masivos. Utilizando una muestra de unos 440 cúmulos (una primicia), Planck ha realizado las medidas más precisas jamás obtenidas de la densidad de materia y la amplitud de las perturbaciones iniciales. Además, la medición del efecto SZ en toda la esfera celeste reveló la contribución de cúmulos que no se habían detectado individualmente. Esta contribución podría explicar una gran parte de los bariones «ausentes» en las observaciones.

Sin embargo, los resultados obtenidos utilizando el efecto SZ no concuerdan del todo con los parámetros cosmológicos obtenidos a partir de mediciones directas del fondo cosmológico. Esto ha abierto un debate en la comunidad, ya que estos resultados sugieren la posibilidad de una medida indirecta de la masa de los neutrinos, o de una revisión de la estimación de las masas de los cúmulos de galaxias (actualmente el enfoque preferido).

En la Vía Láctea

La visión de nuestra galaxia ha cambiado considerablemente a raíz de los datos de Planck, especialmente los de la polarización. Ahora podemos evidenciar los entornos de los «núcleos fríos» preestelares, así como las propiedades ópticas y dinámicas del medio interestelar difuso, donde reina la turbulencia. Este mejor conocimiento también permite modelizar mejor los primeros planos, antes de sustraerlos para obtener el fondo cosmológico.

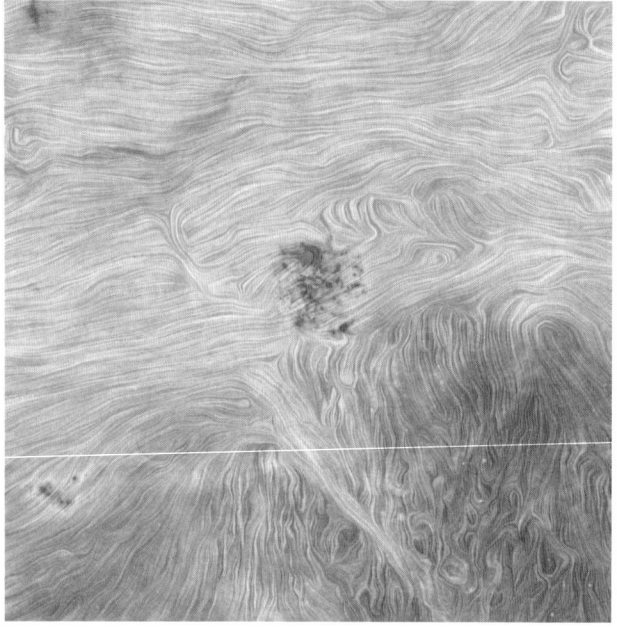

Figura 5.15. Vista de nuestra Vía Láctea y de la galaxia vecina de la Gran Nube de Magallanes por Planck, en intensidad (niveles de gris) y polarización (líneas de nivel). Crédito: ESA / Planck Collaboration, M.-A. Miville-Deschênes (IAS, CNRS, Université Paris-Sud).

Receta para una merienda del universo según Planck

Mis colegas han ideado una receta —cuyo resultado puede servir de merienda, por ejemplo— que refleja la densidad de energía de nuestro universo medida por Planck: 69% de energía oscura y 31% de materia (26% de materia oscura y 4,8% de materia bariónica). Más una fracción (despreciable) de radiación.

Nosotros redondeamos estas proporciones a 70%, 25% y 5%.

Materia bariónica (5%): 1 cucharadita de las de café de azúcar en polvo.

Materia oscura (25%): 5 cucharaditas de las de café de cacao (o de copos de chocolate, o de pasta untable).

Energía oscura (70%): 14 trozos de plátano, equivalentes a 14 cucharaditas de las de café.

Radiación + neutrinos: una pizca de azúcar glas.

Colocar las rodajas de energía oscura en un plato. Espolvorearlas con materia oscura, materia bariónica y radiación + neutrinos. Colocarlas en el microondas[5] de 30 segundos a 1 minuto. Probar el universo de manera lúdica. Solo queda explicar a los niños qué son la materia oscura y la energía oscura, con ayuda de los capítulos siguientes. ¡Buena suerte! (Receta disponible en el sitio web para el público en general: http://www.planck.fr).

Tras esta inmersión en la aventura del satélite Planck, vamos a echar un vistazo a otra radiación de importancia cosmológica, descubierta tardíamente y de forma inesperada: la radiación del fondo cosmológico de infrarrojos (CIB en inglés, Cosmic infrared background).

6. Un fondo de galaxias extrarrojo

La luz del conjunto de las galaxias ha dejado una impronta fósil en el universo: la radiación del fondo cosmológico de infrarrojos. Detectada tardíamente, ha resultado ser compleja y sorprendente, al igual que la historia de las galaxias.

Dejando a un lado las fuentes de luz «próximas» (las de nuestra galaxia), el universo está bañado principalmente por la radiación del fondo cosmológico de microondas. Esta radiación del cuerpo negro, con una temperatura actual de 2,7255 ± 0,0006 K[1] (unos –270 °C), se observa en el rango de las ondas de radio centimétricas y milimétricas, con un máximo de emisión en torno a un milímetro de longitud de onda.

Muy estudiada desde 1964 por sus minúsculas fluctuaciones de temperatura y polarización, se propaga libremente desde una época remota: unos 370 000 años después del Big Bang, a un *redshift* de 1090 ± 0,2. Como hemos visto, esa radiación nos informa sobre los inicios, la edad y el contenido global del universo, así como sobre procesos físicos posteriores como la reionización y la formación de las grandes estructuras.

Una segunda radiación de fondo

El fondo cosmológico de microondas se debe a la impresionante cantidad de luz que bañaba el universo primordial (unos mil millones de fotones por cada protón), luz que luego se diluyó pero sin desaparecer. Pero ¿qué ocurre con la radiación de las innumerables galaxias que aparecieron después? Cada galaxia contiene miles de millones de estrellas, cuyas generaciones se han ido sucediendo una tras otra desde los primeros objetos, que nacieron unos cientos de millones de años después del Big Bang, a *redshifts* probablemente de entre 10 y 30. Toda esta radiación ¿podría haber desaparecido?

Una vez más, la física predice que no: como mucho, un poco de esta luz fue absorbida y luego reemitida. Por supuesto, la expansión del universo la ha diluido. Por tanto, las sucesivas generaciones de galaxias y estrellas son sin duda la fuente de otra radiación difusa que baña el universo, aunque mucho menos intensa (e incluso más difícil de observar) que el fondo cosmológico. Predicha ya en 1967[2], en particular por James Peebles (Premio Nobel de Física 2019), esta luz —conocida como «radiación de fondo infrarroja»— es una «emisión fósil colectiva» de la formación y evolución de las galaxias.

A finales de los años sesenta se estudia la radiación de las estrellas en los ámbitos en los que más brillan: el visible (de 400 a 800 nm) y el infrarrojo cercano (de 0,8 a 5 micras).

Como la luz de las estrellas de galaxias lejanas está desplazada hacia el rojo debido a la expansión del universo, los trabajos de la época predicen una radiación de fondo extragaláctica en el infrarrojo cercano y medio (hasta unas 20 micras). En efecto, el espectro de una galaxia con un *redshift* (z) de 2, cuya luz ha tardado el 80% de la edad del universo en llegar hasta nosotros, está desplazado (en longitudes de onda) por un factor de 3 (debido al factor 1 + z). Por tanto, la luz emitida por las estrellas de esta galaxia a una longitud de onda de 5 micras se observa a 15 micras.

A pesar de activas investigaciones, la radiación extragaláctica permaneció invisible durante mucho tiempo. Para comprender por qué, hay que fijarse en la radiación global de las galaxias, no solo en la procedente de las estrellas.

Composición y emisión de las galaxias

Las galaxias son estructuras ligadas gravitatoriamente: sus formas y el movimiento de sus componentes se deben a la distribución de las distintas masas, sometidas a la interacción gravitatoria. Entre los componentes bariónicos (materia ordinaria) figuran evidentemente las estrellas, pero también los átomos y moléculas del medio interestelar, formado por gas (principalmente átomos ligeros) y polvo (átomos y moléculas más complejos). Estos últimos solo representan el 1% de la masa de una galaxia, pero desempeñan un papel fundamental en su radiación. A ello hay que añadir un componente no bariónico: la materia oscura, que, según los modelos, no radia pero interactúa gravitatoriamente. La masa total de una galaxia típica es de 10^{12} masas solares, de las cuales aproximadamente una décima parte se encuentra en forma bariónica (estrellas, gas, polvo).

El espectro (radiación en función de la longitud de onda) de una galaxia depende de su masa, edad, tasa de formación estelar y presencia de un agujero negro supermasivo (AGN, Active Galactic Nucleus, núcleo galáctico activo). Vemos que predecir la radiación colectiva de las galaxias puede ser una tarea enormemente complicada, pero los astrofísicos encuentran la salvación en la estadística.

Una radiación compleja

En una galaxia normal, la luz procede principalmente de las estrellas. Pero existe otra radiación, a veces más intensa que la emisión estelar. Cuando una estrella se forma en una nube molecular densa, su luz, absorbida y luego reemitida por la envoltura de polvo, se convierte en radiación térmica en el infrarrojo lejano (alrededor de 100 micras, o 0,1 milímetros de longitud de onda). El polvo interestelar también absorbe la luz de las estrellas (o de los discos de materia alrededor de los agujeros negros) y la reemite en el infrarrojo cercano o medio, dependiendo de la temperatura de calentamiento y de parámetros como la composición química del medio (átomos de carbono o silicio, átomos de oxígeno).

También existe una radiación no térmica, en el dominio de las ondas de radio (esencialmente radiación sincrotrón de electrones acelerados en campos magnéticos, pero también radiación bremsstrahlung) y de los rayos X (de fuentes energéticas). A esto se añade la emisión de «líneas espectrales» a determinadas longitudes de onda, que se extienden por todo el espectro (desde los rayos gamma hasta las ondas de radio); dichas líneas se deben a la excitación de diversos átomos y moléculas.

La radiación galáctica es por tanto mucho más rica que la simple emisión estelar: se extiende por todo el espectro electromagnético, y la intensidad de cada componente (estrellas, medio interestelar, sitios de formación estelar, fuentes compactas) depende de la actividad de la galaxia.

Midiendo la intensidad del objeto en diversos rangos de longitudes de onda podemos obtener su carné de identidad casi completo. En efecto, una «galaxia vieja» (que apenas forme ya estrellas) radiará más en el rango visible, porque contiene muchas estrellas viejas pero poco gas y polvo. Una «galaxia joven» (que está formando muchas estrellas) brillará mucho más en el infrarrojo lejano que en otras partes del espectro. Una galaxia que albergue un agujero negro supermasivo (AGN) deberá radiar intensamente en el dominio de los rayos X y radio.

Figura 6.1. La galaxia de Andrómeda (M 31) observada en varias longitudes de onda, desde los rayos X hasta el infrarrojo lejano. Su intensidad e incluso su forma varían en función de la longitud de onda. (Créditos - Infrarrojo: ESA/Herschel/PACS/SPIRE/J. Fritz, U. Gent; Rayos X: ESA/XMM-Newton/EPIC/W. Pietsch, MPE; Óptico: R. Gendler).

Estudiando las galaxias en grandes volúmenes del espacio, los astrofísicos elaboran funciones de luminosidad o funciones de masa, es decir, una especie de histogramas que dan la densidad (número de galaxias por megaparsec cúbico) en función de la luminosidad intrínseca o de la masa. Armados con esta distribución por luminosidad y/o masa y cruzándola con el tipo espectral de las galaxias, predicen la radiación emitida por numerosas galaxias en un gran volumen, para una amplia gama espectral que tiene en cuenta no solo las estrellas sino también el polvo, la formación estelar, la presencia de AGN... ¡Y la cosa está ya casi hecha!

Décadas de predicciones

Los cosmólogos llevan haciendo predicciones sobre la radiación extragaláctica desde los años setenta. Se observa una zona «cuasi ignota» situada entre 100 y 1000 micras (infrarrojo lejano). También se ve que, según ciertos modelos, la intensidad del cielo podría ser del mismo orden en el visible que en el infrarrojo lejano. ¡Suspense!

En 1967 solo se tenía en cuenta, dentro de las galaxias, la emisión de las estrellas. A pesar de las incertidumbres debidas a la falta de datos en el infrarrojo lejano, casi inaccesible desde la tierra, los modelos mejoraron después. Fueron evolucionando hasta los años noventa, aprovechando los datos del satélite IRAS, el primero en observar, en 1984, en el infrarrojo medio y lejano.

De la noche a la mañana, IRAS duplicó el número de galaxias conocidas. ¿Por qué? Porque se acababa de descubrir unas galaxias especiales, ultraluminosas en el infrarrojo lejano (las llamaremos «galaxias infrarrojas»). Teniendo en cuenta que estas galaxias emiten el 99% de su energía en este rango, alrededor de 100 micras de longitud de onda, esto las hacía prácticamente indetectables en el rango visible.

Dependiendo del número de galaxias infrarrojas incluidas en la «receta» del modelo, el fondo extragaláctico tiene intensidades muy dispares. En el universo cercano, alrededor de dos tercios de la energía de las galaxias se radian en el rango visible y solo un tercio en el infrarrojo lejano. Lo usual era por tanto utilizar estas proporciones, o al menos no alejarse demasiado de ellas, para predecir el fondo extragaláctico.

La búsqueda continuó, con predicciones muy variables. Dado que medir esta radiación y comprender la naturaleza y la evolución de las galaxias emisoras eran objetivos importantes, se llevaron a cabo importantes sondeos en tierra y desde el espacio. Incluso se diseñó un instrumento para medirla, DIRBE, instalado en el satélite COBE lanzado en 1989. El resultado: enormes sorpresas.

Una detección tardía y sorprendente

Hubo que esperar hasta 1996 para que, de manera inesperada, se detectara esta radiación. Una vez publicados los datos de COBE, fue un equipo de Orsay, dirigido por J.-L. Puget[3], quien anunció la posible detección del fondo extragaláctico infrarrojo (porque está medido en el infrarrojo lejano). Una nota importante: para la buena marcha de la ciencia, todos los datos deberían hacerse públicos. Ese es el caso de los observatorios espaciales y de algunos terrestres, pero no de todos...

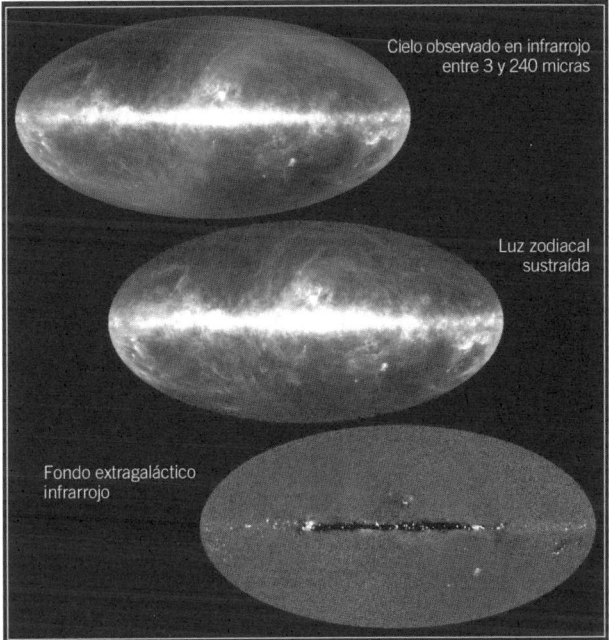

Figura 6.2. Extracción de la señal (datos de COBE/DIRBE). A partir del cielo completo (arriba) se sustraen componentes (entre ellos la luz zodiacal de nuestro sistema solar y el polvo de la galaxia) para llegar a un componente isótropo: el fondo infrarrojo extragaláctico procedente de galaxias lejanas. Adaptado de COBE/DIRBE.

La sorpresa fue triple. En primer lugar: el descubrimiento no procede del equipo de un instrumento de COBE, mientras que en 1995 un equipo de DIRBE anunció (injustamente) que había detectado un misterioso polvo ultrafrío en la Vía Láctea. Segundo: se utilizaron los datos del espectrómetro FIRAS (que midió el espectro del cuerpo negro del fondo cosmológico), no los de DIRBE. Tercero:

¡el fondo extragaláctico es mucho más intenso de lo esperado en el infrarrojo!

La historia tuvo un final feliz para todos. Los equipos[4] de
DIRBE y FIRAS publicaron sus detecciones del fondo infrarrojo en 1998, y el equipo del IAS de Orsay dirigido por
Guilaine Lagache[5] proporcionó en 2000 la mejor determi-
nación de este fondo infrarrojo, combinando los datos de
DIRBE y de FIRAS. En 2001[6], los norteamericanos publicaron una síntesis de todas las medidas, y yo mismo participé en un nuevo resultado en 2006.

El exceso de emisión infrarroja

La primera medición del fondo cosmológico de infrarrojos
extragaláctico, en longitudes de onda comprendidas entre
200 micras y 1 milímetro (el infrarrojo lejano y submilimétrico) reveló una intensidad infrarroja (en torno a las 200
micras) mucho mayor de lo esperado: ¡era casi tan grande
como la de las galaxias en el rango visible!

¿Cómo explicar que en el universo cercano las galaxias
solo emiten un tercio de su energía en el infrarrojo lejano,
cuando la historia de las galaxias muestra (con el fondo extragaláctico) que globalmente emiten tanto en este rango como
en el visible? En otras palabras, ¿por qué las galaxias radia-
ban antes principalmente en el infrarrojo? Y por último, ¿la
emisión infrarroja es más (o menos) intensa que la visible?

Esta intensa radiación en el infrarrojo lejano demuestra
que la emisión infrarroja de las galaxias aumenta con su distancia; es por tanto un testimonio de su evolución. Hay que
distinguir dos efectos: el enrojecimiento de la radiación de

los objetos lejanos, debido a la expansión del universo (el *redshift*, que se tiene en cuenta desde 1967), y la emisión infrarroja de las galaxias, que era intrínsecamente mayor en el pasado. Al final, este segundo efecto domina ampliamente, algo que fue predicho ya en 1977[7], pero sin ninguna certeza. Después fue subestimado durante mucho tiempo, razón por la cual causó sorpresa.

Solo quedaba comprender el origen de este exceso de emisión e identificar las galaxias causantes del fenómeno. Imposible con COBE, cuya resolución angular es demasiado pequeña para detectar las galaxias individualmente. Además, muchos primeros planos del sistema solar y de nuestra propia galaxia contaminan la señal, y este rango espectral es prácticamente inaccesible desde tierra debido a la absorción atmosférica. Solamente los globos, los cohetes sonda o los satélites pueden realmente acceder a él. Por ello fue necesaria la llegada de nuevas generaciones de satélites. Los profundos escaneos realizados por ISO (lanzado en 1995), Spitzer (en 2003) y Herschel (en 2009) revolucionaron nuestra visión de la evolución de las galaxias.

Una intensidad mejor medida

En 2006, el equipo que yo dirigía[8] en el IAS utilizó una técnica original para sondear la débil señal del fondo infrarrojo extragaláctico (longitud de onda de unas 100 micras). Aprovechando los últimos sondeos profundos de Spitzer, que tenían la particularidad de haberse realizado en siete longitudes de onda (entre 3 y 160 micras), ganamos un orden de magnitud en sensibilidad. El enfoque, de naturaleza estadística, consistió en «apilar» las señales de cerca de 20 000 galaxias, detectadas a una longitud de onda de 24 micras pero individualmente invisibles a unas 100 micras. Este apilamiento permitió medir la contribución global de estas galaxias al fondo infrarrojo lejano (a 70 y 160 micras): el 80% de este fondo procede de galaxias ya identificadas.

Con esta notable técnica (no nueva, pero utilizada de forma original con datos ultrasensibles) se obtiene un valor mucho mejor del fondo extragaláctico, extremadamente restrictivo para los modelos. Al final, estas medidas confirman dos cosas: esta radiación de fondo alcanza su máximo de energía en torno a las 160 micras de longitud de onda, y es más intensa en el infrarrojo lejano que en el visible. Estos resultados ponen punto final al debate sobre la intensidad del fondo extragaláctico.

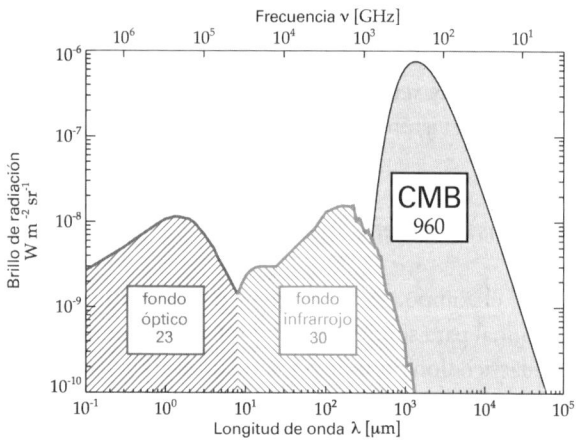

Figura 6.3. Intensidad del fondo extragaláctico en función de la longitud de onda (Dole *et al.*, 2006). A la izquierda, el fondo cosmológico óptico

(*Cosmic Optical Background*, COB). En el centro, el fondo cosmológico infrarrojo (*Cosmic Infrared Background*, CIB). A la derecha, el fondo cosmológico de microondas (*Cosmic Microwave Background*, CMB). Los números indican la intensidad de cada fondo. ¡Cuánto se ha avanzado desde 1972!

Ahora sabemos que, durante su formación y evolución, las galaxias emitieron (por término medio) 120 fotones del infrarrojo lejano por cada fotón visible. Pero alrededor de tres cuartas partes de la energía luminosa de las galaxias procede de la formación estelar (radiación visible y UV), y la cuarta parte restante procede del entorno de los agujeros negros (UV y rayos X). Por tanto, se pensaba (ingenuamente) que el máximo del fondo extragaláctico estaría en el rango visible o a energías más altas.

Demostramos que no es ese el caso. Esto significa que el polvo interestelar —que absorbe la radiación de las estrellas y del entorno de los agujeros negros y la reemite en el infrarrojo— desempeña un papel mucho más importante de lo que se pensaba. El siguiente paso es comprender mejor el origen de las galaxias que contribuyen al fondo infrarrojo e intentar reconstruir su historia. Esta ha sido desde 2010 la misión principal de Herschel y ALMA (Atacama Large Millimeter/submillimeter Array en Chile).

La sorprendente historia de las galaxias

En el universo cercano, pocas galaxias emiten la mayor parte de su energía en el infrarrojo, porque la emisión estelar —que es la que predomina— alcanza su máximo en el visible y el ultravioleta. El nivel del fondo extragaláctico en el infrarrojo lejano sugiere que las galaxias emitían antes mucho más en el infrarrojo. Midiendo la densidad de luminosidad (la luminosidad en un volumen dado del universo, corregida para tener en cuenta los efectos de la expansión) en función del *redshift*, se puede analizar la evolución de la formación estelar con la distancia. El resultado es que la formación estelar alcanza un máximo en torno a un *redshift* de 2 y disminuye lentamente a *redshifts* superiores.

La causa de esta evolución es muy interesante. Se comprueba que la contribución a la tasa de formación estelar de las galaxias visibles en el ultravioleta (sus estrellas se forman en entornos bastante pobres en polvo) aumenta lentamente con el *redshift*. Pero son las galaxias muy luminosas en el infrarrojo —con una luminosidad total de entre 10^{11} y 10^{12} luminosidades solares— las que desempeñan un papel decisivo. En efecto, su contribución a la formación estelar aumenta por un factor de 10 entre los *redshifts* de 0 y 1 (entre ahora y hace 8000 millones de años). Esta población de galaxias es la responsable de la mayor parte del fondo infrarrojo.

Se dibuja así la sorprendente evolución de las galaxias y de sus contribuciones al fondo infrarrojo. El universo se encontraba en una «fase activa infrarroja» con *redshifts* superiores a 0,7; las galaxias luminosas en el infrarrojo dominaban la tasa de formación estelar a *redshifts* comprendidos entre 1 y 3. Mientras que en el universo cercano (*redshifts* inferiores a unas centésimas) la mayoría de las galaxias radian en el rango visible, el fondo infrarrojo procede de numerosas galaxias infrarrojas lejanas que emiten intensamente en ese rango.

¿Cuál es la naturaleza física de estas galaxias, viejas para nosotros pero jóvenes para el universo? De hecho es muy variable: su única propiedad común es que brillan intensamente en el infrarrojo, emitiendo casi toda su energía a través del polvo interestelar, calentado por la absorción de la radiación. Una galaxia infrarroja cercana no tiene nada en común con otra situada a un *redshift* de 1. En el primer caso se trata a menudo de galaxias en interacción fuerte o en fusión (con una contribución importante de un núcleo activo). En el segundo caso es más probable que se trate de una galaxia en forma de disco que está formando más estrellas. Herschel ha demostrado que a *redshifts* más altos puede tratarse de galaxias con sitios de formación estelar muy intensa.

El estudio de las galaxias menos luminosas a *redshifts* grandes parece prometedor para refinar estos modelos. Podemos utilizar Herschel o ALMA (para descubrir galaxias más débiles y distantes), u obtener información estadística sobre estos objetos poco luminosos mediante un método original: el estudio de las fluctuaciones del fondo extragaláctico infrarrojo.

Las fluctuaciones del fondo

A pesar de los éxitos de la técnica de «apilamiento» que ya hemos visto, las imágenes del fondo infrarrojo lejano siguen siendo algo borrosas: en estas longitudes de onda, la densidad de galaxias lejanas es demasiado grande para la resolución angular de los telescopios espaciales. El efecto se denomina «confusión». Sin embargo, sigue siendo pertinente analizar las fluctuaciones de brillo de las imágenes, para extraer información estadística sobre la distribución angular de estas galaxias débiles y lejanas.

Estas fluctuaciones del fondo infrarrojo pueden proporcionar información valiosa sobre la agregación de galaxias entre sí, mediante el análisis del espectro de potencia angular de las imágenes. Este trabajo fue llevado a cabo, con datos de los satélites Spitzer, Herschel y sobre todo Planck, en particular por mis colegas Guilaine Lagache, Mathieu Béthermin, Olivier Doré y Nicolas Ponthieu. Lo mencionaremos en el capítulo 7, en relación con la materia oscura.

Las otras mediciones del fondo

He hablado sobre todo de la medición e interpretación del fondo extragaláctico en el infrarrojo lejano por su intensidad en este dominio (¡y también porque trabajé en el tema durante algunos años!). Pero paralelamente se están llevando a cabo otros trabajos apasionantes, por ejemplo en el campo de los rayos gamma, en el infrarrojo cercano (donde se esperan nuevos resultados con los sondeos de los telescopios espaciales JWST, Euclid y WFIRST, a partir de 2021 aproximadamente), en el rango visible o en el de las ondas de radio (sobre todo con ALMA).

Fondo cosmológico contra fondo extragaláctico

Hagamos un resumen. La radiación del fondo cosmológico no es la única que llena el universo. Un equipo francés descubrió en 1996 otra importante «luz fósil» en los datos del satélite COBE: la radiación de fondo de las galaxias, o «fondo cosmológico infrarrojo». Alrededor de veinte veces menos intenso que el fondo cosmológico, su detección causó gran sorpresa debido a la gran intensidad del infrarrojo lejano en comparación con la luz visible emitida directamente por las estrellas. Este fondo infrarrojo difuso procede de la emisión de todas las galaxias desde su formación, por lo cual es un resumen de toda su historia.

La diferencia entre el fondo cosmológico de microondas y el fondo infrarrojo extragaláctico radica en la época en la que se inscriben:

- fondo cosmológico: universo joven (unos 370 000 años, *redshift* de 1090), difuso y muy homogéneo;
- fondo extragaláctico: universo más viejo (de unos 0,4 a 13,8 mil millones de años, *redshifts* inferiores a unos 10, y probablemente entre 3 y 1) y compuesto ya de estructuras, como cúmulos y galaxias no resueltos por nuestros medios de observación.

Estos dos fondos constituyen la mayor parte del contenido electromagnético del universo actual, siendo el fondo cosmológico ampliamente dominante (alrededor del 95% de la energía total).

Tras este viaje por las luces fósiles del universo, vamos a echar un vistazo a temas igual de importantes para los cosmólogos, pero mucho más misteriosos por el momento. Empecemos por la desconcertante materia oscura.

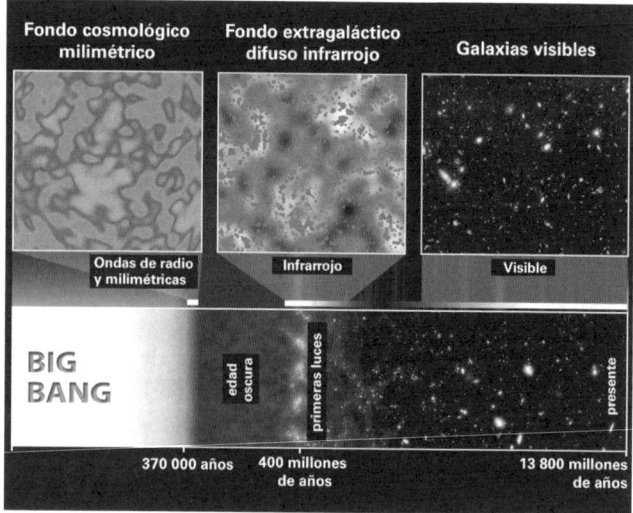

Figura 6.4. Historia esquemática del universo y de las radiaciones asociadas. El fondo cosmológico se debe a la recombinación (unos 370 000 años después del Big Bang); el fondo infrarrojo se debe a las galaxias (desde 400 000 años después del Big Bang hasta el momento actual), igual que la radiación visible. Crédito: según Kashlinsky *et al.* (2007) y Dole *et al.* (2009).

Palabra de investigador: Jean-Loup Puget

La primera propuesta para crear la misión Planck, entonces llamada «Samba», se remonta a 1992. La tercera versión de los datos de Planck fue publicada por la Agencia Espacial Europea en otoño de 2017. ¡Cuánto tiempo y aventuras entre estos dos acontecimientos! Pero los resultados merecían que se les consagraran 25 años.

Pusimos el listón muy alto al proponernos construir un instrumento con detectores refrigerados a una décima de grado por encima del cero absoluto. La precisión obtenida por el HFI (High Frequency Instrument) de Planck es más de diez veces superior a la del satélite WMAP de la NASA, cuyo lanzamiento fue anterior. Tuvieron que trabajar juntos no solo seis equipos franceses, sino también equipos del Reino Unido y Estados Unidos para crear este instrumento de prestaciones únicas con tecnologías que nunca antes habían ido al espacio.

El proyecto era claramente interdisciplinario, con un equipo de físicos de muy bajas temperaturas encargado de desarrollar el corazón de la máquina criogénica, que también incluía dos refrigeradores, uno británico y otro estadounidense. En el HFI de Planck participaron físicos teóricos y físicos de partículas, demostrando que estábamos tocando la física de los dos infinitos.

Estoy muy impresionado de que hayamos logrado verificar las predicciones de la inflación cósmica como modelo del comienzo extremo del universo —cuando este se aceleró y aparecieron las fluctuaciones cuánticas que fueron las semillas que dieron lugar a todas las estructuras del universo— y explicar por qué la geometría del espacio a escalas muy grandes es euclidiana.

Jean-Loup Puget
Director de Investigación del CNRS en el Institut d'Astrophysique Spatiale
(CNRS y Université Paris-Sud)
Investigador principal de Planck HFI
Miembro de la Académie des Sciences
Premios Shaw y Gruber en 2018

7. Una materia demasiado discreta

La materia oscura parece necesaria para resolver grandes problemas astrofísicos, pero de momento escapa a toda detección. Sin embargo, sus efectos gravitatorios la ponen de manifiesto indirectamente, y los investigadores, incluso sin verla, son capaces de cartografiarla.

La materia oscura (*dark matter* en inglés), junto con la energía oscura (ambas se conocen como el «sector oscuro» de la cosmología), sigue siendo uno de los grandes misterios de la física y la astrofísica. ¿Qué es? Sobre ello se ha hablado y escrito mucho[1], así que me gustaría hacer un resumen. En realidad no sabemos gran cosa sobre ella, ¡ni siquiera sabemos si realmente existe!

Sin embargo, sí sabemos lo que no es, y si no existe será necesario modificar la teoría de la gravitación. A fuerza de observaciones y deducciones, creemos que se trata de una materia (hipotética, de momento) sensible a la interacción gravitatoria, insensible a la interacción electromagnética, no bariónica (una materia exótica, no ordinaria) y no relativista (mucho menos rápida que la luz). Se conoce por el nombre de «materia oscura fría»[2] (o CDM, de *cold dark matter*).

Su introducción obedece a una necesidad: explicar los flagrantes desacuerdos entre la observación y la interpretación en el marco de la gravitación (newtoniana y relativista). Algunos ejemplos: la rotación de las galaxias (demasiado rápida en su región exterior), la velocidad de las galaxias en grandes estructuras como los cúmulos, o el nivel de las fluctuaciones de la densidad de materia observadas en el fondo cosmológico. Los investigadores saben desde mediados de los años setenta que la materia oscura no puede ser totalmente bariónica.

Simplificando, tenemos dos opciones para resolver estos problemas: modificar la teoría de la gravitación, o añadir una materia que gravita pero que no radia (puede tener otras propiedades, como ser sensible a la interacción débil). Estas dos opciones son objeto de estudios muy serios. Sin embargo, la gran mayoría de los científicos —entre los que me incluyo— considera la materia oscura como una hipótesis de trabajo estándar, porque tiene éxito tanto en términos predictivos como cuantitativos.

Por supuesto, la actual ausencia de detección directa hace que su existencia sea incierta. Pero la introducción de una única hipótesis que resuelve muchos problemas en la astrofísica y la cosmología es en cierto modo elegante y minimalista. Como el problema del cuerpo negro a finales del siglo XIX, este asunto de la materia oscura (y de la energía oscura) ¿podría ser el inicio de una revolución conceptual, como lo fue la aparición de la física cuántica y la relatividad general?

La difícil búsqueda de una detección directa

Numerosos experimentos para la detección directa de la materia oscura intentan obtener resultados positivos concluyentes. Realizados a gran profundidad bajo tierra —entre otras cosas para minimizar el efecto de los rayos cósmicos— en laboratorios donde se controlan todos los parámetros ambientales, dichos experimentos intentan medir la energía liberada por la interacción de una partícula de materia oscura con un átomo. Las campañas de medida de estos experimentos hacen retroceder cada vez más los límites de detección, acotando así las propiedades de las partículas buscadas.

Los resultados obtenidos en el verano de 2016 por el experimento LUX (Dakota del Sur) establecen las restricciones más fuertes sobre dichas propiedades; este ya había sido el caso de los experimentos Edelweiss (Modane, Francia), CDMS (en Minnesota) y CRESST (Gran Sasso, Italia). Además, la no detección de una nueva partícula en el LHC del CERN echó por tierra las esperanzas de una prueba experimental directa de la materia oscura y de la teoría de la supersimetría. En las fluctuaciones estadísticas de los instrumentos ATLAS y CMS pareció surgir una señal (en torno a 750 GeV), pero luego desapareció.

Existen también técnicas indirectas de detección. Se basan en la eventualidad de ciertos fenómenos: la aniquilación de partículas de materia oscura entre sí (si su densidad es suficiente) o una disminución de su población. En ambos casos se genera energía, en forma de radiación gamma (detectable desde el espacio con el satélite Fermi, en tierra con la red de telescopios H.E.S.S. en Namibia) o de un exceso de partículas, como los positrones (detectables con el experimento AMS en la Estación Espacial Internacional).

Observaciones recientes: el efecto de lente gravitatoria

De acuerdo con la relatividad general, las masas deforman el espacio-tiempo, y la deformación es tanto mayor cuanto más grande es la masa. El Sol provoca una deformación moderada, pero las galaxias —con decenas o cientos de miles de millones (10^{10} o 10^{11}) de masas solares— y los cúmulos de galaxias —con cientos de billones (10^{14}) de masas solares o más— hacen que este efecto sea especialmente intenso. El espacio-tiempo se «curva» bajo estas masas gigantescas, que desvían los rayos de luz que pasan cerca de ellas. Este efecto se denomina «lente gravitatoria», porque las galaxias muy lejanas situadas al fondo, normalmente indetectables, se hacen visibles —a veces en varias copias— aunque con imágenes distorsionadas. La enorme masa del primer plano actúa como una lente óptica de vidrio; de ahí su nombre.

Existen dos tipos de lentes gravitatorias: fuertes y débiles, cuya diferencia estriba en la masa de la lente y su alineación (más o menos precisa) con la galaxia de fondo. En el caso de una «lente fuerte» observamos varias imágenes de la galaxia de fondo, por ejemplo en forma de arcos. En el caso de una «lente débil» solo vemos la imagen distorsionada.

El efecto de lente gravitatoria fuerte permite detectar galaxias muy lejanas, invisibles de otro modo, y estudiarlas con un lujo de detalles reservado normalmente a las galaxias más cercanas. ¡La formación estelar y la dinámica del medio interestelar se hacen accesibles hasta los confines del universo!

Figura 7.1. El cúmulo de galaxias Abell 2218 provoca un efecto de lente gravitatoria fuerte. Los diferentes arcos son imágenes múltiples de una única galaxia de fondo. Crédito: NASA / ESA / J. Richard.

En cuanto a las lentes gravitatorias débiles, representan una revolución observacional: debido a la distribución de un conjunto de masas que desvían la trayectoria de la luz, es posible cartografiarlas con precisión. Tanto si se trata de materia bariónica como oscura, la lente gravitatoria solo es sensible a la masa total. Por tanto, proporciona una información inestimable sobre la distribución precisa de la materia oscura, inaccesible de otro modo.

Los cúmulos de galaxias muy masivos, que provocan efectos de lente tanto fuerte como débil, son objetivos privilegiados. Mediante un análisis estadístico avanzado de la forma de las galaxias de fondo, las lentes débiles permiten reconstruir la distribución de la masa total de los cúmulos. Comparándola con la de la masa bariónica —materia ordinaria que radia en la región de los rayos X (gas caliente), radio (ondas de choque) y visible e infrarrojo (galaxias)—, se pone de relieve la dinámica de la materia oscura y sus vínculos con la materia bariónica.

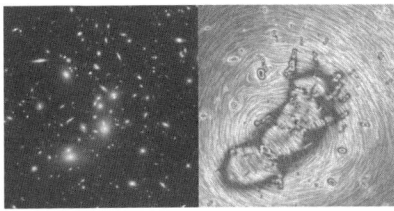

Figura 7.2. A la izquierda, el cúmulo de galaxias Abell 774. A la derecha, reconstrucción de la materia oscura presente utilizando lentes gravitatorias débiles. Crédito: Johan Richard y Frontier Fields.

Figura 7.3. Principio de utilización de lentes gravitatorias débiles con el fondo cosmológico. La luz del fondo es desviada por las grandes estructuras que se forman. Analizando las distorsiones en las fluctuaciones del fondo, podemos remontarnos a la masa (acumulada a lo largo de la línea visual) que ha desviado la luz. Crédito: ESA, Planck.

Por último, gracias a las lentes débiles es posible producir «tomografías», es decir, escaneos de la distribución global de materia (en su mayoría materia oscura) en el universo. Esta impresionante técnica consiste en analizar la forma de las galaxias en «rebanadas de *redshifts*», reconstruyendo a continuación la distribución de materia en cada rebanada. Se utilizó por primera vez en 2007 con datos del telescopio espacial Hubble.

Planck desvela la materia oscura

También se auscultan los efectos de las lentes débiles sobre la luz del fondo cosmológico, según un principio casi idéntico: esta luz es una radiación de fondo que ha sufrido distorsiones a lo largo de la historia del universo, en particular durante la formación de grandes estructuras. Utilizando estimadores estadísticos (momentos de órdenes superiores), podemos identificar los «defectos» en las fluctuaciones del fondo cosmológico causados por estas estructuras.

Los equipos del satélite Planck han obtenido así el primer mapa de la distribución de la materia oscura en todo el cielo. Esta fantástica imagen ha conducido a numerosos resultados científicos. Entre ellos, una fuerte correlación de esta distribución de la materia oscura con diferentes sondeos de galaxias y cúmulos de galaxias... pero también con el fondo cosmológico infrarrojo, que de ese modo hace una reaparición inesperada (bueno, casi).

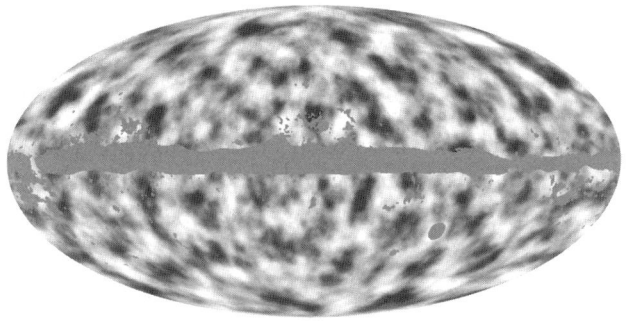

Figura 7.4. Una primicia mundial: el mapa de la materia oscura en todo el cielo, obtenido por Planck. Las zonas sombreadas se eliminan del análisis, ya que están contaminadas por las emisiones de primer plano. De: Planck Collaboration, 2013, XVII.

La relación entre materia oscura y formación estelar

Como hemos visto, el fondo infrarrojo extragaláctico es un «trazador» de la historia de las galaxias. En el infrarrojo lejano dicho fondo corresponde sobre todo a la formación de estrellas, a lo largo de toda la historia de la formación de estructuras. Para estudiar la correlación entre el fondo infrarrojo y la materia oscura mis colegas utilizaron un método estadístico, consistente en identificar primero unas 10 000 zonas brillantes del fondo infrarrojo, luego otras tantas zonas de intensidad mínima, para seleccionar a continuación las zonas correspondientes del mapa de la materia oscura. Después se examinó la correlación global entre la materia oscura y el fondo infrarrojo brillante o de intensidad mínima.

El resultado superó nuestras expectativas, con la detección de una correlación muy fuerte. Esta correlación demuestra el vínculo —esperado— entre una presencia masiva de materia oscura y la formación estelar. Este estudio, único en su género, se ha repetido a escalas angulares más pequeñas, utilizando Herschel y datos terrestres (South Pole Telescope y Atacama Cosmology Telescope).

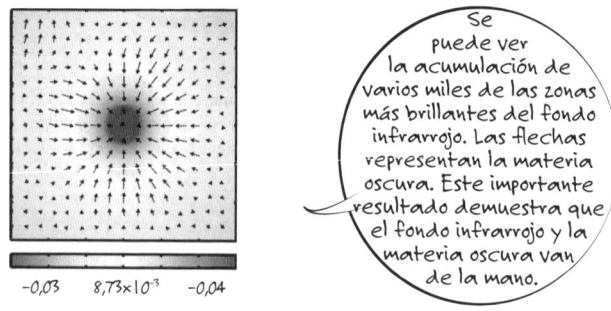

Figura 7.5. Relación entre la materia oscura y la radiación del fondo extragaláctico infrarrojo. De: Planck Collaboration, 2013, XVIII.

Perspectivas: lentes gravitatorias sobre la totalidad del cielo

Considerada utópica hace solo unos años, la ambición de detectar la materia oscura con una alta resolución angular en todo el cielo (gracias al efecto de lente gravitatoria débil) será pronto una realidad. En efecto, dentro de poco van a ver la luz instrumentos de altísimo rendimiento dedicados específicamente a esta tarea: empezando por Euclid, la segunda misión cosmológica europea (después de Planck), cuyo lanzamiento está previsto para 2022* y que debe revelar la materia y la energía oscuras (véase el capítulo 9).

En la Tierra, el LSST (Large Synoptic Survey Telescope), actualmente en construcción en Chile, debería estar plenamente operativo antes de 2025. Escaneará todo el cielo durante unos diez años para realizar un estudio tridimensional del universo.

La misión espacial Wide Field Infrared Survey Telescope (WFIRST) de la NASA está prevista para mediados de la década de 2020 como muy pronto. Debería complementar a Euclid, ya que observará zonas más pequeñas del cielo pero con mayor profundidad.

Ahora toca partir en busca de la esquiva energía oscura, de naturaleza aún más misteriosa todavía.

---

* El lanzamiento tuvo lugar el 1 de julio de 2023 *(N. del T.)*.

8. El acelerador del universo

La energía oscura, descubierta a finales del siglo XX, lleva miles de millones de años provocando la expansión acelerada del universo. Su origen y sus efectos precisos están aún por explorar, pero a los investigadores no les faltan ideas para rastrearla y comprenderla.

Vamos ahora a hablar de una sustancia que puede parecer aún más misteriosa que la materia oscura. Los cosmólogos recurren a ella para explicar, no la expansión del universo, sino la aceleración de esta expansión a una escala muy grande.

Cualquier físico normal dirá que una aceleración nunca es producto del azar. Los investigadores han llegado a la conclusión de que la aceleración de la expansión del universo procede de un componente universal con dos propiedades principales. Por una parte, existe en todas partes (a gran escala) y apenas debe de variar espacialmente. Por otra, su densidad permanece invariable a lo largo de las épocas cósmicas, a diferencia de la materia y la radiación, cuyas densidades disminuyen (y no al mismo ritmo). Este componente se denomina «energía oscura». *A priori*, no tiene nada que ver con la materia oscura, sino que debe estar relacionada con la energía del vacío y la inflación. En cualquier caso, es una pieza importante en el rompecabezas de la cosmología actual.

Una cuestión de escala... y de época cósmica

Estemos tranquilos: ni la expansión del universo ni la aceleración de este fenómeno cambiarán nuestras vidas de humanos ni las de los —hipotéticos— extraterrestres. Solo se manifiestan a escalas muy grandes, del orden de varios centenares de megaparsecs. Por consiguiente, sus efectos no pueden detectarse en nuestro sistema solar ni en nuestra galaxia, ni siquiera en nuestro cúmulo local de galaxias: a estas escalas, lo que prima es siempre la gravedad. Así que no nos dislocaremos, la Luna y los planetas seguirán girando de la misma manera, al igual que la Vía Láctea, y la galaxia de Andrómeda seguirá acercándose a la nuestra.

A lo largo de su historia, el universo ha pasado por diferentes «fases energéticas»: primero dominó la densidad de energía de la radiación, luego la de la materia, antes de dejar que se impusiera la energía oscura. La fase actual del universo, dominada por esta energía oscura, es en realidad bastante reciente: corresponde a un *redshift z* del orden de 0,3 (es decir, comenzó hace unos 3500 millones de años).

También podemos preguntarnos cuándo comenzó a acelerarse la expansión del universo[1]. Obtenemos $z = 0,7$ aproximadamente (es decir, 6500 millones de años en el pasado). Para comprender el origen de la energía oscura necesitamos por tanto efectuar las medidas pertinentes en objetos situados a $z < 0,7$, pero también de $z > 0,7$ a 1 (o incluso más), para observar correctamente la transición.

Modelizar lo desconocido: la ecuación de estado

En física, un fluido perfecto —un gas perfecto, por ejemplo— se caracteriza por parámetros como la temperatura, la densidad y la presión. El término «perfecto» significa que no se tienen en cuenta las interacciones entre las partículas del fluido. La relación entre los diversos parámetros se establece en lo que se conoce como una «ecuación de estado». En cosmología, la ecuación de estado de un componente del universo (radiación, materia o energía oscura) relaciona su presión con su densidad mediante la expresión $P = w\, p\, c^2$, donde P es la presión, p la densidad, c la velocidad de la luz y w un parámetro «adimensional» (una constante) característico de dicho componente.

A escala cosmológica podemos despreciar la presión de los componentes no relativistas. Es el caso de la materia, a la que se asigna por tanto un parámetro w nulo: $w_M = 0$. Para la radiación (componente relativista), este parámetro es $w_R = \frac{1}{3}$. Para la energía oscura, $w_\Lambda = -1$. El subíndice Λ representa la constante cosmológica, que se considera distinta de cero si la expansión del universo es acelerada. El signo negativo en la ecuación de estado indica una presión también negativa: este componente tiene un efecto de «gravedad repulsiva» que provoca la aceleración de la expansión.

Evidentemente, esta descripción de la energía oscura y las conclusiones derivadas de ella puede que resulten sorprendentes. Sin embargo, no plantean ningún problema para el formalismo matemático, ni para el modelo cosmológico ni para las medidas. Los componentes a gran escala del universo —que pueden resumirse en radiación, materia y energía oscura— están muy bien caracterizados por sus ecuaciones de estado.

Aunque no sabemos gran cosa sobre ellas, la materia y la energía oscuras las podemos poner en ecuaciones: modelizamos y medimos lo desconocido... Sin embargo, como dice muy bien —doctamente y con humor— el artista François Morel: «¡Es un poco más complicado que eso!»[2]. Para ser más precisos, el parámetro w_Λ podría variar con la época cósmica (el *redshift z*), según la siguiente relación: $w_\Lambda = w_0 + w_a z /(1 + z)$. Los investigadores han empezado a medir w_0 y w_a.

¿Estamos realmente satisfechos con el significado que damos a este fluido de energía oscura? ¿Podemos explicar su existencia y características mediante consideraciones teóricas profundas, o hacer predicciones sobre él? Las respuestas se encuentran un poco en las preguntas.

La sorpresa de las supernovas

Recordemos las observaciones que revelaron la existencia de la expansión acelerada del universo a finales de los años noventa. Fueron realizadas por dos equipos de investigadores —High-z Supernova Team y Supernova Cosmology Project— que midieron la luminosidad y la distancia cosmológica (dada por el *redshift*) de supernovas muy lejanas con características bien conocidas (llamadas del «tipo Ia»).

El brillo aparente (observado) de un objeto lejano depende de su brillo intrínseco y de su *redshift*, pero también de parámetros cosmológicos, esencialmente la densidad de materia total Ω_M y la densidad de energía oscura Ω_Λ. Los datos se representan en lo que se conoce como un «diagrama de Hubble», que muestra el brillo aparente, dividido por el brillo intrínseco, en función del *redshift*. Este diagrama contiene varias «zonas permitidas» correspondientes a distintos valores de los parámetros cosmológicos. Basta entonces simplemente observar dónde se sitúan los datos para obtener estimaciones de Ω_M y Ω_Λ.

Los resultados publicados en 1998 y 1999 son claros: los dos equipos concluyeron (con un nivel de confianza superior al 99%) que Ω_Λ no es nula. Por lo tanto, el universo se encuentra efectivamente en expansión acelerada. Estos trabajos les valieron a Saul Perlmutter, Brian Schmidt y Adam Riess el Premio Nobel de Física de 2011.

¿Cómo medir los efectos de la energía oscura?

Aparte de las supernovas, hay varios tipos de observaciones que pueden utilizarse para medir la evolución de la aceleración de la expansión y cribar los distintos modelos. Estas observaciones tienen en común que se refieren a las grandes estructuras del universo, en particular la distribución estadística de las galaxias a gran escala. En efecto, la gravedad que actúa en la formación de estas estructuras debe ser «contrarrestada» por la energía oscura, cuyo efecto es el de dilatar estas grandes escalas. Se trata, pues, de medir con gran precisión la evolución de la formación de estructuras en función del *redshift*, y de observar ciertas desviaciones con respecto a lo que haría la gravedad por sí sola.

He aquí los principales tipos de medidas que la comunidad científica prevé hacer o que ya ha empezado a hacer, para comprender mejor los efectos de la energía oscura.

Las oscilaciones acústicas bariónicas

Las oscilaciones acústicas bariónicas (BAO, Baryonic Acoustic Oscillations) son ondas que se propagaron en el universo primordial, antes del desacoplamiento de la luz y la materia. Las fluctuaciones del fondo cosmológico condujeron a la formación de grandes estructuras a una escala privilegiada (superior a 100 Mpc), pero las BAO también dejaron su huella en la distribución de las galaxias a esa escala. Para ponerlas de manifiesto se calcula una «función de correlación» de las posiciones de decenas (o incluso centenas) de miles de galaxias, repartidas en volúmenes enormes.

Predichas desde hace tiempo, las BAO se midieron por primera vez en 2005, utilizando datos de escaneos muy amplios del cielo en fotometría y espectroscopia[3]. Se consideran «escalas estándar», porque los modelos predicen muy bien la evolución de su tamaño en función del *redshift*. Cualquier desviación respecto a las predicciones se debería a la energía oscura (o a una gravitación un poco «diferente»).

Las distorsiones en el espacio de los *redshifts*

Las distorsiones en el espacio de los *redshifts* (RSD, Redshift Space Distorsions) se deben a que las galaxias son atraídas hacia el centro de halos masivos de materia oscura. Sus movimientos —medidos por espectroscopia— son por tanto *a priori* isótropos en la dirección de estos halos. Una vez más, cualquier variación a gran escala (con respecto a la isotropía) puede indicar la presencia de energía oscura contrarrestando la acción de la gravedad.

El efecto de lente gravitatoria débil

El efecto de lente gravitatoria débil puede analizarse para deducir de él la cantidad de materia oscura que hay en las grandes estructuras. El objetivo aquí es medir la masa de las estructuras y sobre todo su evolución con el *redshift*. Estas medidas pueden compararse directamente con las predicciones y simulaciones, para analizar en detalle los efectos de la energía oscura en el crecimiento de estas estructuras según el *redshift*.

Correlación entre galaxias y fondo cosmológico

En presencia de energía oscura, debe poder observarse una clara correlación entre las fluctuaciones a gran escala del fondo cosmológico y la distribución de las galaxias. Veamos de dónde proviene esta correlación, conocida como «efecto Sachs-Wolfe integrado» (ISW, Integrated Sachs-Wolfe effect).

Antes de llegar hasta nosotros, los fotones del fondo cosmológico de microondas han atravesado una serie de «pozos de potencial gravitatorio» causados por las grandes galaxias. El fotón gana energía cuando entra en un pozo de potencial y luego la pierde cuando sale de él. A priori, el balance es nulo: el fotón conserva aproximadamente la misma energía.

Pero una expansión acelerada estira y «aplana» cada pozo de potencial a medida que el fotón lo atraviesa. Al salir del pozo, el fotón pierde menos energía que la que ganó al entrar en él. Por tanto, su balance energético no es nulo y depende directamente de las grandes estructuras que ha atravesado desde que fue emitido. Así pues, debe existir una fuerte correlación entre ciertas fluctuaciones a gran escala del fondo cosmológico y la distribución de materia responsable de esa ganancia de energía.

Los cúmulos de galaxias

Los cúmulos de galaxias también son sensibles a la presencia de energía oscura. En concreto, se trataría de establecer la estadística de su número en función de su *redshift* y de su rango de masas. Midiendo con precisión estos parámetros, se podría trazar la historia cósmica de la expansión, al igual que con otras sondas cosmológicas (las BAO, el efecto ISW, etc.). Sin embargo, medir bien la masa de un cúmulo de galaxias sigue siendo una tarea delicada.

Perspectivas: correlaciones sobre la totalidad del cielo

El gran reto consiste actualmente en combinar estos distintos métodos para cartografiar con gran precisión la velocidad de expansión en función del *redshift*. Ello debería permitir cuantificar el famoso parámetro w_Λ (en la ecuación de estado de la energía oscura) y su posible variación con el *redshift*. De este modo podríamos clasificar mejor las hipótesis sobre el origen de esta energía.

A los científicos no les faltan buenas ideas para llevar a cabo las mediciones adecuadas, a menudo utilizando métodos independientes (lo que *a priori* aumenta la fiabilidad de los resultados finales). Estas medidas requerirán cantidades inmensas de datos. En particular, los sondeos de galaxias deberán ser cada vez más amplios —hasta el punto de abarcar todo el cielo, como ha hecho Planck para el fondo cosmológico— y cada vez más profundos, utilizando telescopios cada vez mayores equipados con cámaras ultrasensibles de profundidad de campo muy amplia.

Con el fin de comprender mejor la energía oscura están previstos para la década de 2020 importantes programas de observación sistemática del cielo.

A continuación vamos a echar un vistazo al famoso satélite Euclid, que debería ayudar a los cosmólogos a hacerse una idea más clara del «sector oscuro» del universo.

9. Misión Euclid: desenmascarar a los agentes oscuros

Después de Planck en la década de 2010, Euclid será la gran misión espacial de la década de 2020 en la cosmología. Este satélite europeo –con un predominio de Francia en términos de contribuciones científicas y técnicas– tendrá como objetivo desenmascarar como nunca antes el comportamiento de la materia y la energía oscuras. ¡En marcha hacia el futuro!

Ver claro en el sector oscuro del universo

Euclid será la segunda misión espacial europea con un objetivo cosmológico, y, como en el caso de Planck, el peso de la comunidad científica francesa es determinante. Desde hace varios años, los investigadores e ingenieros de los organismos de investigación nacionales (CNRS y CEA), universidades y laboratorios, con el apoyo de la agencia espacial francesa (CNES), trabajan con denuedo para diseñar y probar esta extraordinaria máquina, antes de su lanzamiento previsto para 2022.

El principal objetivo de Euclid será comprender el «sector oscuro» del universo, es decir, la materia y la energía oscuras. Va a abordar así las dos problemáticas clave de la cosmología contemporánea. Sus dos principales sondas cosmológicas (los dos tipos de medidas que realizará) serán las lentes gravitatorias débiles (*weak lensing*) y la agrupación de galaxias (o *clustering*).

Figura 9.1. Impresión artística del satélite Euclid. Crédito: ESA basado en estudios de Thales Alenia Space (Italia) y Airbus Defence and Space (Francia).

Rastrear la materia oscura mediante lentes gravitatorias

Las lentes gravitatorias débiles permiten medir con precisión la cantidad y distribución de la materia oscura y reconstruir en detalle la evolución de la formación de estructuras en función del *redshift*, con el fin de identificar los efectos de la energía oscura.

Para realizar estas medidas, Euclid tomará miles de imágenes ultraprecisas del cielo en luz visible, que permitirán medir las formas y orientaciones de las galaxias. Si se considera una sola galaxia o un pequeño número de ellas, sus orientaciones son casi totalmente aleatorias. Pero si entre estas galaxias lejanas y nosotros hay una gran cantidad de materia oscura, su orientación colectiva se verá afectada y Euclid podrá detectarlo. El efecto de lente gravitatoria débil nos permite trazar sobre las imágenes una especie de líneas que indican cambios en la orientación de las galaxias del fondo. Estas líneas están directamente relacionadas con la «masa deflectora» (la de la materia oscura), que de ese modo puede medirse con precisión.

De esta técnica, que existe desde hace años, ya hablamos en el capítulo 7. Euclid va a introducir una primera gran innovación: la amplitud y la precisión de las medidas realizadas, gracias a una imagen gigante que cubrirá la casi totalidad del cielo.

La segunda gran novedad es que dispondremos de imágenes en el infrarrojo cercano, lo que facilitará enormemente la estimación de la distancia cosmológica de las galaxias (dada por su *redshift*). Esto nos permitirá seleccionar galaxias cada vez más lejanas y medir la cantidad de materia oscura en función de la distancia (y por tanto de la época cósmica).

Revelar la presencia de energía oscura gracias al *clustering*

La segunda sonda cosmológica es la agrupación de galaxias (o *clustering*). El principio consiste en medir la distancia entre galaxias dentro de grandes volúmenes, con el fin de calcular una especie de «distancia media entre galaxias». Desde el punto de vista matemático, calculamos una «función de correlación de dos puntos» que representa, para una distancia dada, el exceso de galaxias en comparación con una distribución aleatoria en el espacio. La función de correlación mide así el grado de agrupación de las galaxias, que después se puede comparar con las predicciones del modelo cosmológico.

En 2005, dos equipos de investigadores descubrieron una escala particular de correlación entre galaxias que solo es detectable observando el universo a gran escala (alrededor de 200 Mpc, es decir, varios cientos de millones de años luz). Está asociada a las oscilaciones acústicas bariónicas (BAO), que básicamente reflejan la «apetencia» de las galaxias por distribuirse en el espacio según una escala particular. Esto se debe a los modos de vibración del plasma primordial, que se observan en los «picos acústicos» de las fluctuaciones del fondo cosmológico.

Euclid detectará los BAO con notable precisión, e incluso podrá medirlos en un volumen correspondiente a los últimos 8000 millones de años del universo. Como vimos anteriormente, estos BAO son una sonda importante para caracterizar con precisión la ecuación de estado de la energía oscura (la relación entre su densidad y su presión).

Una majestuosa imagen de la bóveda celeste

Para utilizar estas dos sondas cosmológicas, Euclid realizará un gigantesco sondeo de galaxias que cubrirá nada menos que la mitad del cielo, con una calidad de imagen impresionante. De hecho, cubrirá la casi totalidad del cielo llamado «extragaláctico», ya que la otra mitad del cielo ya está «contaminada» por nuestra propia Vía Láctea... ¡Imaginemos una calidad comparable a la del telescopio espacial Hubble, en imágenes que cubrirán no solo «pequeños» campos visuales, sino prácticamente todo el cielo profundo observable! Una auténtica revolución.

Durante sus cinco años de funcionamiento, Euclid debería detectar, en los dominios visible e infrarrojo cercano, miles de millones de galaxias hasta un *redshift* de aproximadamente 2, y miles más a *redshifts* entre 2 y 8.

Cámaras extraordinarias... ¡y desafíos!

Hablemos ahora de los «ojos» de Euclid, dos instrumentos instalados en el foco de un telescopio de 1,2 m de diámetro. El primero (llamado VIS) será sensible a la luz visible, mientras que el segundo (llamado NISP) observará en el infrarrojo cercano. Estos instrumentos acumulan tal número de detectores que el plano focal —la zona sensible a la luz situada en el foco— estará cubierto por 64 millones de píxeles para el infrarrojo (16 detectores de 2000 × 2000 píxeles) y por unos 604 millones de píxeles para el visible (36 detectores de 4096 × 4096 píxeles). Todo un récord para la obtención de imágenes en el sector espacial (el satélite europeo

Gaia tenía más píxeles, pero los utilizaba de forma diferente). Los dos instrumentos tendrán un campo visual instantáneo excepcionalmente amplio: del orden de 0,5 grados cuadrados, lo que equivale aproximadamente a la superficie angular cubierta por dos lunas llenas... ¡y unas 160 veces mayor que el campo visual de Hubble!

Figura 9.2. El modelo de prueba de la cámara VIS con sus 36 sensores gigantes (delante), y la electrónica de lectura detrás, en la sala blanca del CEA París-Saclay, en mayo de 2017. Crédito: ESA, CEA, MSSL.

NISP se está desarrollando bajo responsabilidad francesa, y Francia también está realizando una importante contribución a VIS. En ambos casos, la agencia espacial francesa (CNES) desempeña un papel fundamental, junto con organismos nacionales como el CNRS y el CEA y universidades, para llevar a cabo la compleja tarea de diseñar, probar y hacer funcionar estos instrumentos únicos, tarea conocida como «segmento vuelo».

Figura 9.3. El modelo de vuelo de la lámpara de calibración de la cámara VIS, en 2018, en el Instituto de Astrofísica Espacial de Orsay. Crédito: H. Dole, IAS / univ. Paris-Sud / univ. Paris-Saclay / CNRS / CNES / consorcio Euclid.

El tratamiento de los datos de Euclid representará un reto aún mayor que el de Planck. Tanto es así que para esta tarea se ha elegido el centro de cálculo del CNRS de Lyon, utilizado principalmente en física de partículas para el LHC, el gran acelerador del CERN. Este centro (llamado CC-IN2P3, o Centre de calcul de l'Institut national de physique nucléaire et de physique des particules) está multiplicando por diez su capacidad de procesamiento y almacenamiento, al objeto de estar preparado para recibir los datos y programas de procesamiento de Euclid.

En 2017, es decir, a menos de 4 años del lanzamiento previsto, probamos la primera versión del procesamiento completo de datos, durante lo que se conoce como «retos científicos» (*scientific challenges*). Más concretamente, probamos toda la cadena de programas informáticos (el *pipeline*, tubería). Este complejo conjunto de programas recibe (a la entrada) los datos de los instrumentos y debe proporcionar (a la salida) imágenes calibradas, libres de efectos instrumentales, así como catálogos de galaxias que incluyan la fotometría (flujo luminoso en varios colores simultáneamente), identificación de estrellas y galaxias, la estimación del *redshift* y de la cizalladura gravitatoria, y la medida de las funciones de correlación de galaxias.

Por supuesto, aún no disponemos de los datos «reales» (los datos de los instrumentos que observan desde el espacio), así que utilizamos simulaciones digitales de nuestro universo: galaxias, estrellas, materia oscura, energía oscura... ¡Todo (o casi todo) está ahí! A continuación este cielo digital se pasa por un simulador de instrumento, un programa informático que hace «como si» se estuviera haciendo una observación. El ruido, los parásitos y los efectos instrumentales (ópticos y electrónicos) se añaden de forma realista. Por último, estos datos simulados se introducen en nuestro *pipeline* para ver si reacciona como esperamos (si es que no se planta, claro está...).

Este tratamiento ultrarrápido de los datos —conocido como «segmento suelo»— moviliza casi tantos recursos humanos y materiales como la construcción de los propios instrumentos. En cosmología de precisión, la búsqueda de ligerísimos efectos indeseables en los datos —algo primordial si se quiere obtener resultados robustos— se ha convertido efectivamente en un «deporte internacional». Europa en general, y Francia en particular, destacan en este ámbito.

Como responsables de una parte importante del procesamiento (en lo que a mí me concierne, la fusión de los datos de los instrumentos VIS y NISP, para extraer los flujos de miles de millones de galaxias y separar las estrellas de las galaxias), seguimos estas pruebas con una mezcla de emoción y temor. Emoción, porque llevamos meses viendo cómo se construye una gran complejidad y ahora observamos por primera vez su funcionamiento completo. Temor, porque tememos bloqueos, fallos, *bugs*, malas interfaces... que seguramente aparecerán, a pesar de los exigentes procedimientos que hemos puesto en marcha.

He aquí un ejemplo de un problema «tonto» que descubrimos en su momento: nuestro programa se «colgaba» (se detenía por errores) porque uno de los archivos de entrada (suministrado por otros colegas) no tenía el formato esperado. A pesar de nuestras pruebas, no habíamos previsto que la información que esperábamos en ese fichero acabaría duplicada decenas de veces (no habíamos previsto más que una corta serie de valores). Con este tipo de preparación estaremos listos para la avalancha de datos una vez que Euclid esté en vuelo. En 2019 realizamos por primera vez una prueba completa utilizando algunas de las simulaciones más precisas del universo, integradas en los simuladores de instrumentos. Estos datos brutos simulados pasaron con éxito por toda la serie de programas. El camino hasta el *pipeline* final sigue siendo largo, salpicado de evaluaciones periódicas —conocidas como *revues*, una especie de examen crítico de nuestras producciones por parte de numerosos expertos— y de mucho sudor frío, aunque también de mucha alegría.

El futuro: lentes gravitatorias y *clustering* en todo el cielo

La ambición de medir la cantidad de materia oscura en todo el cielo —gracias al efecto de lente gravitatoria débil— se consideraba utópica hasta hace solo unos años; muy pronto será una realidad. Análogamente, midiendo la agrupación de galaxias en diferentes épocas cósmicas tendremos una idea mejor de la evolución de la expansión del universo y por tanto de la energía oscura.

Instrumentos de altísimo rendimiento dedicados específicamente a estas tareas verán pronto la luz de la noche. En primer lugar, como acabamos de ver, Euclid proporcionará imágenes de una calidad suntuosa —cercana a las del telescopio espacial Hubble— en la casi totalidad del cielo. Una proeza que será posible gracias a las nuevas tecnologías de detección, pero también (y sobre todo) a la eficacia del tratamiento y el análisis de volúmenes de datos monstruosos.

Pensemos también que Euclid, al igual que Planck, aportará una gran cantidad de resultados nuevos y determinantes sobre numerosos temas relacionados con las primeras galaxias, los primeros cúmulos y la física de las galaxias. Todas las imágenes se harán públicas y, más allá de su inestimable valor científico, poseerán sin duda una belleza apta para maravillarse ante la asombrosa riqueza de nuestro cosmos.

Esperemos con impaciencia el lanzamiento de Euclid en 2022, luego, casi cada año, la llegada de los resultados provisionales, y hacia 2027 el conocimiento de los resultados definitivos sobre el sector oscuro del universo.

Palabra de investigadora: Nabila Aghanim

El modelo cosmológico estándar, respaldado por numerosas observaciones, ofrece una construcción teórica coherente para explicar la formación y el crecimiento de las estructuras cósmicas (galaxias, cúmulos de galaxias, filamentos, grandes vacíos, etc.) bajo el efecto de la gravedad. Pero algunos ingredientes fundamentales del modelo cosmológico siguen siendo un enigma.

En este modelo interviene una fase inflacionaria que explica la expansión del universo tras el Big Bang, al tiempo que propone una explicación física del origen de las perturbaciones de las densidades iniciales que dieron lugar a las estructuras cósmicas: las fluctuaciones cuánticas del vacío. La observación de supernovas lejanas a finales de los años noventa puso de manifiesto una fase más reciente de aceleración de la expansión (similar a la inflación cósmica, pero más débil), que estira el espacio y tiene un efecto repulsivo en la formación y evolución de las estructuras cósmicas. Se la designa con el nombre de «energía oscura». Por otro lado, las perturbaciones de densidad asociadas a las fluctuaciones del vacío están constituidas por una materia desconocida que representa alrededor del 85% del contenido del universo y que solo se manifiesta por la gravedad: la materia oscura.

El principal objetivo del futuro telescopio de la Agencia Espacial Europea, Euclid, es desentrañar el misterio de la energía oscura. Para ello realizará una cartografía completa de las galaxias en el rango visible e infrarrojo y medirá su alineación y las deformaciones de sus imágenes (distorsión gravitatoria). Para alcanzar este objetivo, cerca de 1300 científicos, ingenieros y técnicos europeos y estadounidenses trabajan juntos en la mayor colaboración jamás reunida en torno a un proyecto de astrofísica. La comunidad francesa, apoyada por el CNRS y el CNES, es el motor tanto de la construcción de los instrumentos de medida como de la preparación del análisis y la interpretación de los datos. La colaboración Euclid, respondiendo a los retos organizativos, técnicos y científicos, revolucionará dentro de unos años nuestra visión de la distribución de la materia en el universo.

Nabila Aghanim
Directora de Investigación del CNRS en el Instituto de Astrofísica Espacial

10. Arrugas en el espacio-tiempo

La detección directa de las ondas gravitatorias en 2015, casi un siglo después de su teorización, fue un logro formidable. Los cosmólogos rastrean ahora las ondas gravitatorias provenientes de los inicios del universo.

Una doble detección histórica

A principios de 2016 se produjo un acontecimiento científico que acaparó, y con toda razón, los titulares de los diarios: la primera detección directa de una onda gravitatoria. Esta hazaña fue obra de los dos detectores de LIGO (Laser Interferometer Gravitational-Wave Observatory, Observatorio de Interferometría Láser de Ondas Gravitatorias) situados en Estados Unidos, como parte de la colaboración internacional entre LIGO y Virgo, este último el detector europeo situado en Italia (pero construido y operado con una importante participación francesa). La detección tuvo lugar casi un siglo después de que Einstein predijera las ondas gravitatorias (en el contexto de la relatividad general), tras unos 40 años de investigación fundamental y experimental. A este fantástico resultado le siguió, tan solo unas semanas después, el anuncio de una segunda detección.

Aunque los problemas tecnológicos y experimentales que hubo que resolver son impresionantes, los principios en los que se basan los detectores (conocidos como «interferómetros gravitatorios») son bastante sencillos. Se hacen pasar dos haces láser de la misma longitud de onda a través de dos cavidades perpendiculares (los «brazos» del interferómetro, de 4 km de longitud en el caso de LIGO y de 3 km en el de Virgo). Los haces interfieren después en los detectores de luz, según los principios de la interferencia de ondas electromagnéticas. Nuestros estudiantes de física conocen muy bien el dispositivo, porque les pedimos que «manipulen» en pequeños «interferómetros de Michelson» (diseñados por el estadounidense Albert A. Michelson en 1881). La regulación de estos detectores no es ya nada fácil incluso tratándose de medir distancias de menos de un metro.

En principio, los láseres de un interferómetro gravitatorio están regulados para interferir destructivamente en los detectores de luz: las dos ondas se encuentran allí «en oposición de fase» y su interferencia da lugar a la ausencia de luz. Así pues, en circunstancias normales los detectores no reciben ninguna señal.

Todo cambia al pasar una onda gravitatoria, que es una pequeña perturbación (ondulación) en la curvatura del espacio-tiempo, a la velocidad de la luz. Esta ondulación se manifiesta como una «diferencia de marcha» entre los dos haces, es decir, una pequeña variación de longitud no isótropa (diferente según la dirección). El resultado es que los detectores reciben una señal luminosa y miden por tanto el efecto de la onda gravitatoria.

Teniendo en cuenta lo débiles que son las señales, los interferómetros deben estar aislados de las vibraciones del suelo y de las variaciones térmicas (entre otras cosas), para poder detectar cambios de longitud que son del orden de una diezmilésima parte del diámetro de un protón. Por ello, los equipos norteamericanos y europeos idearon, desarrollaron, desplegaron y probaron sofisticados sistemas de filtrado para lograr uno de los mayores niveles de control de los efectos sistemáticos jamás concebidos.

Las detecciones realizadas se ajustan perfectamente a la predicción hecha por Einstein hace casi un siglo (reelaborada después por numerosos teóricos). Este logro experimental ilustra el proceso típico del ámbito científico (a veces largo y plagado de escollos), que consiste en hacer predicciones cuantitativas a partir de una teoría y a continuación medir todos (o casi todos) los observables del campo de aplicación de la teoría.

¿Qué muestran estas detecciones? Muestran la coalescencia de dos agujeros negros, es decir, su fusión tras un breve episodio de movimientos acelerados en espiral. Los científicos lograron medir la distancia, la masa y la velocidad de los agujeros negros analizando la forma y la amplitud de las señales recibidas. Hay dos formas de hacerlo: ajustar las medidas a miles de curvas calculadas previamente, o ajustar una única curva a las medidas y deducir a partir de ahí los parámetros. Ambos métodos tienen sus ventajas; por casualidad se utilizaron cada uno de ellos en un momento dado.

Anunciada en febrero de 2016, la primera detección reveló dos agujeros negros bastante lejanos (a un *redshift* de

$z = 0,09$, es decir, alrededor de 410 Mpc), de unas 36 y 29 masas solares, respectivamente. Su fusión se detectó el 14 de septiembre de 2015, y el evento recibe el poético nombre de GW150914. Las señales revelan la trayectoria de los agujeros negros en la última décima de segundo antes de su fusión, que generó un agujero negro de unas 62 masas solares. Así pues, se liberó una energía equivalente a unas 3 masas solares en forma de ondas gravitatorias. La sorpresa vino dada por la masa de los agujeros negros: se esperaban objetos más ligeros, de solamente algunas masas solares. Así que fue el segundo método —ajustar una curva para obtener los parámetros— el que permitió la detección.

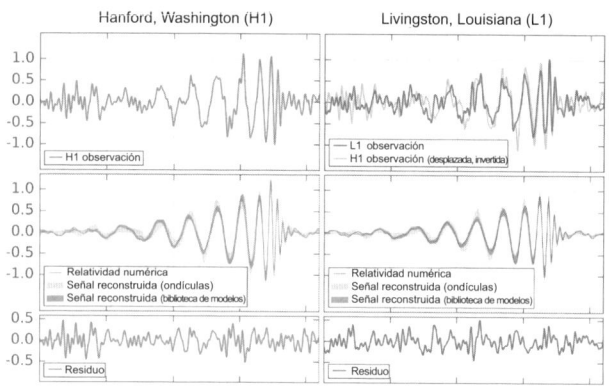

Figura 10.1. Primera detección directa de ondas gravitatorias. La onda gravitatoria, creada por la coalescencia de dos agujeros negros, es observada casi simultáneamente por los dos detectores LIGO de Hanford (columna de la izquierda) y Livingston (columna de la derecha). Arriba: amplitud bruta de la onda en función del tiempo (de 0,25 a 0,45 segundos). Centro: amplitud filtrada y ajustada por modelos. Abajo: residuo, es decir, diferencia entre los datos y el modelo, para cuantificar la concordancia entre ambos. De las colaboraciones LIGO y Virgo, *Physical Review Letters*, 2016.

El segundo evento, anunciado en junio de 2016, tuvo lugar el 26 de diciembre de 2015 (por eso se llama GW151226). Muestra la coalescencia de dos agujeros negros menos masivos (14 y 8 masas solares) durante casi un segundo. Estos objetos realizaron nada menos que 27 órbitas antes de su fusión final, momento en que su velocidad relativa era aproximadamente la mitad de la de la luz. De ese modo se contrasta la relatividad general en condiciones inaccesibles en la Tierra pero accesibles en el universo; de ahí la expresión, utilizada a menudo, de «el universo como laboratorio». El método de detección utilizado en este caso fue el ajuste sobre curvas ya calculadas, o más exactamente, un filtrado adaptado para obtener las masas más probables de los agujeros negros.

Un tercer evento tuvo lugar en 2017. Bautizado como GW170104, fue el resultado de la fusión de dos agujeros negros de 19 y 32 masas solares, que creó un nuevo agujero negro de 49 masas solares. La diferencia de 2 masas solares se evacuó en forma de ondas gravitatorias. Desde entonces, y hasta mediados de 2019, se han registrado más de veintitantos eventos. ¡Un éxito! La tercera campaña conjunta de observación de ondas gravitatorias de Virgo y LIGO, de un año de duración, en 2019-2020, ya ha comenzado.

Estas detecciones abren sin duda una nueva era y dejan una huella duradera en la ciencia y el enfoque científico. En octubre de 2017 se concedió el Premio Nobel de Física a Rainer Weiss, Barry Barish y Kip Thorne por sus contribuciones decisivas al detector LIGO y a la observación de las ondas gravitatorias. Sin embargo, es lamentable que los equipos europeos de Virgo, y en particular los franceses

—que desarrollaron tecnologías únicas (sobre todo los espejos) y que han aportado importantes desarrollos teóricos durante décadas— no compartieran directamente el premio. Pero en realidad no importa: los equipos trabajan de concierto, obtienen nuevas detecciones mucho más precisas, que permiten ahora a los telescopios astronómicos observar las contrapartidas de estos fenómenos extremos.

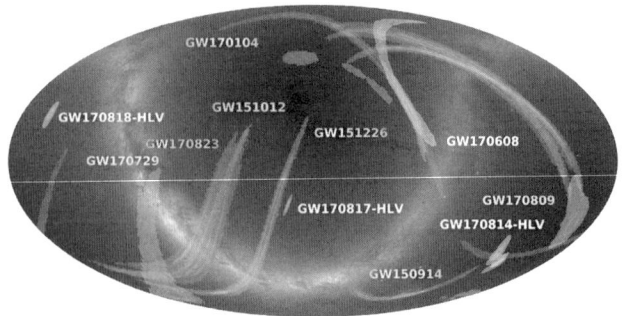

Figura 10.2. La posición en el cielo de las primeras ondas gravitatorias detectadas por LIGO y Virgo. Crédito: Colaboraciones LIGO, Virgo.

Establecer el nexo con los agujeros negros

Recientemente (en 2019), un agujero negro recibió una atención excepcional: no porque se detectara mediante ondas gravitatorias, sino porque su entorno inmediato fue observado directamente a través de la luz. La hazaña, coordinada por la colaboración Event Horizon Telescope, requirió el uso simultáneo de varios telescopios del planeta que observaban en ondas milimétricas, y con la cercana galaxia M87 como objetivo. Esta colaboración fue galardonada con el premio Breakthrough 2020 de física fundamental.

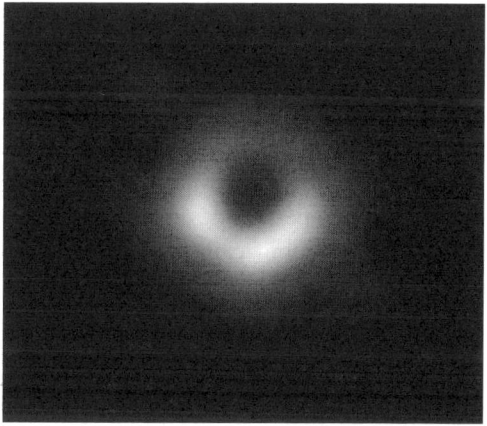

Figura 10.3. Primera imagen de la sombra del agujero negro de M87. Observada por el Event Horizon Telescope, una combinación de siete telescopios terrestres, equivalente a un telescopio del tamaño de la Tierra. Crédito: EHT.

Nuevo reto: las ondas gravitatorias primordiales

Las primeras ondas gravitatorias detectadas directamente procedían de la coalescencia de agujeros negros situados en otras galaxias. Seguramente habrá muchas más detecciones en los próximos años. Por otra parte, cabe preguntarse si existen ondas gravitatorias primordiales (análogas a la luz del fondo cosmológico) y cuáles serían los posibles medios para detectarlas.

La hipótesis de la inflación cósmica, que de momento «sobrevive» bien a los resultados del satélite Planck, predice la liberación de una cantidad fenomenal de energía en forma de ondas gravitatorias. Su detección proporcionaría una información valiosísima sobre la escala de energía de este supuesto. El problema es que su intensidad, increíblemente pequeña, parece excluir hoy cualquier detección directa. Sin embargo, un fenómeno particular podría revelarlas ya hoy; podríamos asistir entonces a la vuelta... ¡del fondo cosmológico!

Durante la última dispersión de un fotón por un electrón (el momento de la recombinación, cuando el fondo cosmológico se libera de la materia), la luz no tiene ninguna polarización particular, aparte de la creada por las sobredensidades y subdensidades de materia (se habla de «modos E» de polarización).

Pero ¿qué ocurre si en el momento de la dispersión final pasan por allí ondas gravitatorias, por débiles que sean? Simplificando diremos que provocan una distorsión del espacio-tiempo, que el fotón percibe como una anisotropía, una especie de ruptura de simetría en la distribución de cargas a su alrededor. Esta anisotropía da lugar a una polarización del fotón (se habla entonces de «modos B») diferente de la producida por las sobredensidades y subdensidades (correlacionadas con la intensidad del fondo cosmológico).

En resumen, la física predice que la luz del fondo cosmológico debe tener cierto tipo de polarización —los modos B— proveniente del paso de ondas gravitatorias, consecuencia directa del supuesto de la inflación. En lugar de intentar una detección directa, podemos por tanto poner de manifiesto estas ondas gravitatorias primordiales observando la polarización del fondo cosmológico.

La carrera en pos de los famosos modos B se pone en marcha... Las predicciones no son apenas cuantitativas en cuanto al nivel esperado, pero estos modos B son claramente mucho más débiles que los modos E o que la polarización del polvo en la Vía Láctea. Planck, que es sensible a la polarización de la luz, debería poder proporcionar información valiosa, lo mismo que algunos experimentos terrestres de nueva generación.

En busca de los modos B

Los cosmólogos redoblan sus esfuerzos para detectar en el fondo cosmológico esta polarización concreta, efecto directo de las ondas gravitatorias primordiales, pero el camino está plagado de escollos. En primer lugar, la bajísima intensidad de los modos B en comparación con los primeros planos de nuestra galaxia. En segundo lugar, un fenómeno de contaminación: los modos E de polarización se transforman en modos B, a causa del efecto de lentes gravitatorias provocadas por las grandes estructuras...

A pesar de estas dificultades, seguimos confiando en poder detectar pronto los modos B. ¿O ya se han detectado? En marzo de 2014, un equipo norteamericano anunció que había detectado estos esquivos modos B, utilizando el telescopio dedicado BICEP2 situado en la Antártida. La noticia causó un gran revuelo científico y mediático en todo el mundo.

Por desgracia, el equipo se precipitó un poco. En septiembre de 2014, los datos de Planck mostraron (en un estudio dirigido por mis colegas Jonathan Aumont y François

Boulanger) que la zona de observación estaba demasiado contaminada por polvo galáctico: ¡la hermosa detección no se refería a la polarización cósmica! La revista *Nature* tituló «*Gravitational waves discovery now officially dead*»[1] («El descubrimiento de las ondas gravitatorias está oficialmente muerto»). y *Le Monde*, «*Des poussières brouillent l'écho du Big Bang*» («El polvo difumina el eco del Big Bang»).

Posteriormente, el equipo de BICEP2 y la colaboración Planck trabajaron juntos, intercambiando datos y conocimientos. Sus conclusiones, publicadas en marzo de 2015 y aceptadas por la comunidad científica, son que no hay detección de modos B, pero sí un límite superior a su posible intensidad. Estos análisis de datos son muy complejos.

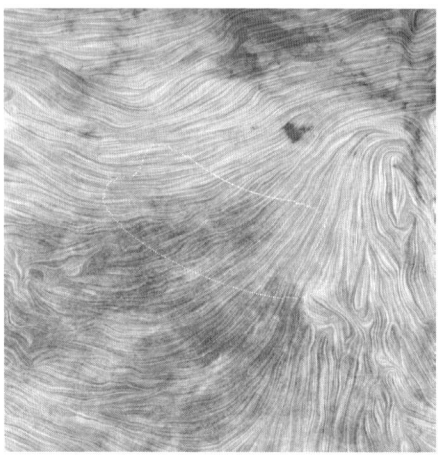

Figura 10.4. El cielo de microondas observado por Planck, en intensidad (colores) y polarización (líneas). La zona observada por BICEP2 (rodeada por una línea blanca) está contaminada por la polarización galáctica. Crédito: ESA/Planck Collaboration, M.-A. Miville-Deschênes, CNRS - Institut d'astrophysique spatiale, Université Paris-Sud, Orsay.

Algunos consideran que la detección de modos B en el fondo cosmológico sería merecedora del Premio Nobel. Es cierto que la inmensa mayoría de los científicos no piensan en el premio cuando se afeitan o asean por la mañana, pero esto demuestra la importancia que se concede a esta futura medida... En cualquier caso, esperamos que tenga lugar en los próximos años, pero mantengamos cierta lucidez a la hora de anunciar nuestros descubrimientos.

Epílogo.
De los epiciclos a ΛCDM

Los componentes oscuros del universo —la materia y la energía oscuras— constituyen el problema más agudo de la cosmología contemporánea. Tom Shanks, un colega británico de la Universidad de Durham, dijo con humor en una conferencia[1]: «*There are only two things wrong with ΛCDM: Λ and CDM*», que yo traduciría así: «Solo hay dos cosas mal en el modelo estándar de la cosmología ΛCDM: Λ (la constante cosmológica) y CDM (la materia oscura fría)».

Por su parte, Alan Heavens, otro colega de Londres, bromeó: «*ΛCDM is like Hotel California; it is very hard to leave, and most, if not all, efforts to do so have ended with some insurmountable obstacle*», que en castellano sería: «El modelo cosmológico ΛCDM es como el "Hotel California" de los Eagles; es muy difícil salir de él, y la mayoría de los intentos, si no todos, han acabado con algún obstáculo insalvable».

Vivimos en una época especialmente apasionante para la cosmología. Por un lado, el modelo ΛCDM ha cosechado muchos éxitos, entre los cuales destaca la excelente concordancia entre las predicciones teóricas y las medidas del fondo cosmológico (por ejemplo, el espectro de potencia de las fluctuaciones de intensidad y polarización), la abundancia de elementos ligeros, la formación de las grandes estructuras del universo, etc. Por otro lado, dos componentes esenciales del modelo no se corresponden con nada conocido y apenas han sido objeto de predicciones: la materia oscura (que explica la existencia, la masa y la dinámica de las galaxias y los cúmulos de galaxias) y la energía oscura (responsable de la expansión acelerada del universo a muy gran escala).

Es grande la tentación de comparar nuestra situación con la de los griegos (añadiendo «epiciclos» a su modelo geocéntrico de órbitas circulares) o con la de la física clásica de finales del siglo XIX (que lo explicaba todo, excepto un «problemita» con el cuerpo negro que acabó desatando la revolución cuántica). De hecho, alrededor del 96% de la densidad de energía del universo se atribuye al famoso «sector oscuro». Las medidas son precisas, las ecuaciones de estado muy claras y los modelos funcionan admirablemente, pero ¿qué hay que concluir? Nuestras teorías (física de partículas, gravitación) ¿están tocando sus límites? La detección de las ondas gravitatorias, cien años después de que se predijeran, ¿podría ser el brillante pero último éxito de la relatividad general? ¿Están sesgadas algunas observaciones por una inhomogeneidad a gran escala? ¿Está emergiendo una nueva física?

De momento no es fácil ver claro, pero podemos apostar a que la próxima década estará llena de giros e incluso de revoluciones científicas. Sería por lo demás una bonita ironía epistemológica, dada la etimología de la palabra «revolución». En 1543, Copérnico publicó *De revolutionibus orbium coelestium*, que proponía la visión heliocéntrica y que contribuyó a fundar la ciencia moderna. El impacto de esta obra fue enorme, y la palabra «revolución» (en astronomía, el tiempo que tarda un astro en completar su órbita) adquirió un nuevo significado: el de un cambio brusco, una convulsión, en este caso conceptual e intelectual.

¿Estamos entonces en el umbral de una nueva revolución en cosmología y física? Serán las nuevas generaciones las que tendrán que decidirlo de aquí a no mucho tiempo, gracias a los avances teóricos que sin duda se producirán y a los fantásticos datos que les estamos preparando, en particular con la misión Euclid que construimos activamente.

¡Cuánto camino recorrido, desde las antiguas ideas sobre el universo, las teorías sobre su estado (dinámico o estacionario) y sus orígenes, hasta las medidas ultrafinas de Planck y las restricciones del supuesto de la inflación cósmica! ¡Cuántos éxitos cuantitativos y predictivos del modelo del Big Bang, cuya formulación actual es la de «modelo de concordancia» o «modelo ΛCDM» (con constante cosmológica y materia oscura fría)! Los avances teóricos y observacionales, con medidas increíblemente sensibles realizadas desde el espacio, han hecho poco a poco emerger una imagen coherente de nuestro universo físico.

A pesar de estos éxitos, que han inaugurado la era de la «cosmología de precisión» con medidas que habrían sido impensables hace veinte años (como la de la edad del universo, con una precisión del 0,3%: como estudiante, recuerdo una época en la que la incertidumbre era de un factor de 2), han irrumpido en el paisaje algunos problemas importantes. Como hemos visto, se refieren a los lados oscuros del universo, cuya densidad de energía está actualmente dominada por la materia y la energía oscuras. El modelo cosmológico da cabida a estos componentes, en realidad no predichos por las teorías físicas que sin embargo han tenido tanto éxito hasta la fecha. Recordemos las recientes detecciones del bosón de Higgs y de las ondas gravitatorias, precedidas de predicciones detalladas.

Como físico, es bastante humillante e irritante (pero también emocionante, porque el reto y el motor intelectual son fantásticos) enfrentarse a un universo de componentes esencialmente desconocidos, mientras que toda la física parece funcionar muy bien. La implacabilidad en la búsqueda de conceptos y datos (con la ayuda de las nuevas generaciones), la humildad, la creatividad, la libertad y la visión a largo plazo serán probablemente algunas de las claves para superar estos retos científicos, que también tienen una gran importancia social. En cualquier caso, la curiosidad que nos hace mirar hacia arriba y contemplar la infinitud del cielo estrellado seguirá siendo ilimitada.

Notas

1. Primero, lo espacial

1. Mis artículos y los de mis colegas Nabila Aghanim y Marian Douspis (para Planck) y Marc Sauvage (para Herschel) se pueden leer en la siguiente dirección: http://larecherche.typepad.fr/satellite_planck_herschel/.

2. Alegato en favor de la ciencia astrofísica

1. ¡O por el mismo equipo! Por ejemplo, en 2011, el experimento de física de partículas OPERA midió que los neutrinos podían viajar más rápido que la luz, para luego refutar este resultado en 2012. Fue un brillante ejemplo en directo del proceso científico.
2. Véase el libro del difunto Bernard Maris, *Lettre ouverte aux gourous de l'économie qui nous prennent pour des imbéciles* (Points économie, 1999). En él, el autor distingue claramente entre la ciencia económica y la pseudociencia económica que inunda los medios de comunicación.
3. Véase el excelente libro de los astrofísicos D. Kunth y P. Zarka, *La astrología* (Barcelona, Davinci Continental, 2009), y la página web de Philippe Zarka sobre sus reflexiones con François Biraud (http://www.lesia. obspm.fr/perso/philippe-zarka/GlobsPZpro/reflexions. html).
4. Recientemente (2016) hubo en la prensa francesa una polémica entre «ortodoxia» y «heterodoxia» económica, a raíz de la publicación del polémico libro de Cahuc y Zylberberg, *El negacionismo económico: un manifiesto contra los economistas secuestrados por su ideología* (Barcelona, Ed. Deusto, 2018).
5. Por M. Mayor y D. Queloz (ambos Premio Nobel de Física 2019), utilizando el método de las velocidades radiales. Formalmente, el primer sistema exoplanetario fue descubierto en 1992 alrededor del púlsar PSR 1257+12, por los radioastrónomos A. Wolszczan y D. Frail.

6. Merece la pena releer las obras de Guillaume Lecointre y André Brahic: G. Lecointre, *Les Sciences face aux créationnismes* (Quae, 2012); Comte-Sponville, Euvé y Lecointre, *Dieu et la science* (ENSTA, 2010); A. Brahic, *La Science, une ambition pour la France* (Odile Jacob, 2012).

3. Breve historia de la cosmología

1. Denominadas «cefeidas», tienen la propiedad (al menos en la Vía Láctea) de variar periódicamente de brillo, y su periodo de variación depende sobre todo de su luminosidad (lo que se conoce como «relación periodo-luminosidad»). En principio, basta con identificar estrellas variables en otras galaxias y medir su periodo de variación del brillo para deducir su luminosidad intrínseca. Comparando esto con el brillo observado, podemos obtener la distancia a estas estrellas.

2. Un megaparsec (o Mpc) es una unidad de distancia equivalente a un millón de parsecs. Dado que un parsec equivale a 3,26 años luz, es decir, unos 3×10^{16} metros, un megaparsec (3,26 millones de años luz) equivale a unos 3×10^{22} metros.

3. Esta relación es lineal (y fue predicha por Lemaître en 1927), y su «pendiente» es la famosa constante de Hubble, expresada en km/s/Mpc. En los artículos de Hubble de 1929 (*Proceedings of the National Academy of Sciences of the United States of America*, 15, 3, 168) y de Hubble y Humason de 1931 (*Astrophysical Journal*, 74, 43), la constante de Hubble H_0 (entonces llamada «K») se estima en unos 500 km/s/Mpc. La mejor medida realizada por el satélite Planck en 2015 da $H_0 = 67{,}8 \pm 0{,}9$ km/s/Mpc. La diferencia puede explicarse por el pequeño número de galaxias cercanas observadas con precisión en las décadas de 1920-1930, lo que dio lugar a una estimación sesgada, que está bien explicada y que no pone en duda la calidad de las medidas de la época.

4. Otro ejemplo de estos vínculos es la detección en el universo de la emisión luminosa del hidrógeno neutro (transición atómica denominada «hiperfina» a una longitud de onda de 21 cm), realizada en 1951 por Ewen y Purcell, siguiendo predicciones de la física cuántica.

5. Se trata de la dispersión Thomson, en la que un fotón y una partícula cargada interactúan (como la dispersión Compton, pero no a las mismas energías). La eficacia de esta interacción, denominada «sección eficaz», es inversamente proporcional al cuadrado de la masa de la partícula cargada. Dado que el protón es unas 2000 veces más masivo que el electrón, es unos 4 millones de veces menos eficaz que un electrón a la hora de dispersar un fotón. La materia y la luz están así acopladas, es decir, «imbricadas».

6. Observemos de nuevo lo importante que es la física subatómica en astrofísica, que cubre campos muy amplios de la física.

7. También llamada «radiación cósmica de microondas» o «radiación de 3 K». Lo explicaremos en el capítulo 5, dedicado al fondo cosmológico.

8. Premio Nobel 1978 concedido a Arno Penzias y Robert Wilson «por su descubrimiento de la radiación del fondo cosmológico de microondas».

9. El espectáculo de Alexandre Astier, *L'Exoconférence*, ganó el premio «Science et Société» 2016 de la Société française d'astronomie et d'astrophysique (SF2A), que agrupa a los astrofísicos profesionales del país (véase aquí: http://sf2a.eu/spip/spip.php?article 674#1).

10. Descubiertas por el satélite IRAS (*InfraRed Astronomical Satellite*, fabricado por la NASA, el Reino Unido y los Países Bajos) en 1983-1984.

11. Los famosos catálogos infrarrojos de «fuentes puntuales y débiles» del satélite IRAS (*Point Source Catalog* y *Faint Source Catalog*).

12. Los tres instrumentos del satélite COBE (COsmic Background Explorer) de la NASA son FIRAS, DMR y DIRBE (véase aquí: https://lambda.gsfc.nasa.gov/product/cobe/).

13. El equipo de Orsay del Institut d'Astrophysique Spatiale, dirigido por Jean-Loup Puget, descubrió el fondo infrarrojo en 1996. Este mismo equipo dirigió después el desarrollo del instrumento principal del satélite Planck.

14. WMAP (Wilkinson Microwave Anisotropy Probe) se llamaba originalmente MAP, pero fue rebautizado en honor y memoria de David Wilkinson, cosmólogo de renombre fallecido en 2002 y que participó activamente en COBE y MAP. Véase: https://map.gsfc.nasa.gov/.

15. ISO son las siglas de *Infrared Space Observatory* (Observatorio Espacial Infrarrojo). Este satélite incluía cuatro instrumentos (dos generadores de imágenes y dos espectrómetros): ISOCAM (bajo responsabilidad francesa), ISOPHOT, SWS y LWS. Véase: http://www. cosmos. esa.int/web/iso.

16. Premio Nobel 2011 concedido a Saul Perlmutter, Brian Schmidt y Adam Riess «por el descubrimiento de la aceleración de la expansión del universo mediante la observación de supernovas lejanas».

17. OK Go, *Upside Down & Inside Out*, 2014.

18. Algunos trabajos mencionan 380 000 o 400 000 años. Utilizando los últimos parámetros cosmológicos de Planck 2015, obtenemos 380 000 años para el desplazamiento al rojo $z = 1090$.

4. Éxitos y problemas del modelo estándar

1. «La física cuántica: un balance mixto», un *sketch* escrito e interpretado por Alexandre Astier y Muriel Bonnet en el espectáculo *Paris fait sa comédie*, de 2009.
2. Los tres primeros minutos del universo, el famoso *bestseller* de Steven Weinberg (ganador del Premio Nobel de 1979 por la teoría electrodébil, con Abdus Salam y Sheldon Glashow), ofrece un magnífico resumen de los procesos físicos del universo joven. Desde su publicación, los conocimientos sobre la inflación y la formación de estructuras han evolucionado, pero la base del discurso sobre el fondo cosmológico y la nucleosíntesis sigue siendo válida.
3. En la página web de la exposición «Odyssée de la lumière» (http://www.odysseedelalumiere.fr/) se puede ver el viaje de dos fotones, uno desde el centro del Sol, el otro desde el principio del universo. Celebrada en la Cité des sciences et de l'industrie de la Villette en 2015, la exposición tuvo como comisarios científicos a J.-M. Bonnet-Bideau, R. Lehoucq, N. Aghanim y H. Dole (con la inestimable ayuda de Xavier Maître).
4. Mi receta de pompas de jabón gigantes está en línea en http://www.ias.u-psud.fr/dole/bulles.php. No es perfecta, pero ha resistido pruebas intensivas en varias fiestas escolares: ¡si no es perfecta, es robusta!
5. Los lectores sorprendidos por estos términos podrían imaginar un gas perfecto de partículas (sin interacción). En este caso, en lugar de átomos o moléculas, las «partículas» son fotones energéticos.

5. La gran aventura de Planck

1. En 6 meses, el eje de Planck recorre 180°, pero observa círculos máximos que pasan por los polos eclípticos del cielo, que se juntan y cubren todo el cielo en el mismo periodo.
2. Los láseres más potentes del mundo alcanzan ese orden de magnitud de energía (el megajulio), pero mediante procesos físicos diferentes.
3. Los resultados científicos están disponibles en francés para el gran público en http://www.planck.fr, y se puede acceder a todos los datos y publicaciones en http:// www.cosmos.esa.int/web/planck.
4. Los laboratorios franceses desempeñaron un papel crucial en el diseño, desarrollo y contratación principal del HFI (High Frequency Instrument).
   El Instituto de Astrofísica Espacial (IAS: CNRS, Université Paris-Sud, OSU/INSU) desempeñó el papel principal: el diseño inicial y la responsabilidad científica y técnica del instrumento. Se encargó

de la integración y las pruebas del instrumento acabado, y es responsable de sus operaciones en vuelo.

El Instituto de Astrofísica de París (IAP: CNRS, Université Pierre et Marie Curie, OSU/INSU, ahora IRAP) alberga el centro de procesamiento de datos y es responsable de esta actividad.

El Centre de recherches sur les très basses températures, hoy Institut Néel (CNRS) y el Laboratoire de physique subatomique et cosmologie (LPSC: CNRS, Université Joseph Fourier, Institut Polytechnique de Grenoble) desempeñaron un papel importante en el desarrollo de la criogenia, a 0,1 K y 20 K respectivamente.

El Centre d'études spatiales des rayonnements (CESR: CNRS, Université Paul Sabatier, OMP-OSU/INSU) desarrolló la electrónica de lectura de los detectores.

El Laboratoire de l'accélérateur linéaire (LAL: CNRS, Université Paris-Sud) desarrolló el ordenador de a bordo del instrumento.

El Laboratoire astroparticule et cosmologie (APC: CNRS, Université Paris-Diderot, CEA, Observatoire de Paris) desarrolló las instalaciones de prueba.

El Laboratoire d'astrophysique de Grenoble (LAOG: CNRS, Université Joseph Fourier, OSUG-OSU/INSU) y el Laboratoire d'études du rayonnement et de la matière en astrophysique (LERMA: CNRS, Observatoire de Paris, Université Cergy-Pontoise, Université Pierre et Marie Curie, École normale supérieure) aportaron su experiencia en la modelización del instrumento.

5. ¿Veis?, la física es coherente, ¡igual que el fondo cosmológico actual! (Es broma, ¡es una coincidencia!).

6. Un fondo de galaxias extrarrojo

1. Esta temperatura del fondo cosmológico procede de las mediciones de COBE: Fixsen *et al.* (1996), Fixsen *et al.* (2009).

2. El fondo infrarrojo extragaláctico fue predicho por Partridge y Peebles (fuente: *Astrophysical Journal* 147, p. 868). Partridge y Peebles fueron galardonados con el Premio Nobel de Física de 2019 por el conjunto de sus carreras.

3. Primera estimación del fondo infrarrojo: Puget *et al.*, *Astronomy & Astrophysics* 208, L5, 1996.

4. Detecciones en 1998: Hauser *et al.*, *ApJ* 508, 25; Fixsen *et al.*, *ApJ* 508, 123.

5. Mediciones precisas, especialmente con COBE: Lagache *et al.*, *A&A* 354, 247, 2000.

6. Hauser y Dwek, *Annual Review of Astronomy and Astrophysics* 37, 249, 2001.

7. Predicciones del fondo extragaláctico en el infrarrojo lejano por Stecker, Puget y Fazio, *ApJ* 214, L51.

8. Medición del fondo infrarrojo: Dole *et al.*, *A&A* 451, 417, 2006. Comunicados de prensa de la NASA y el CNRS: http://www.spitzer.caltech.edu/news/824-feature06-10-The-InfraredBackground-Sometimes-It-s-What-You-Don-t-See-ThatCounts y http://www2.cnrs.fr/presse/communique/853. htm.

7. Una materia demasiado discreta

1. Entre las referencias esenciales sobre la materia oscura figuran los libros de mis famosos colegas Françoise Combes (*La matière noire, clé de l'Univers?*, 2015, Vuibert), Joe Silk (*Le Futur du cosmos*, 2015, Odile Jacob), Gianfranco Bertone (*Le mystère de la matière noire*, 2015, Dunod), David Elbaz (*À la recherche de l'univers invisible: Matière noire, énergie noire, trous noirs*, 2016, Odile Jacob).

2. Algunos modelos también utilizan la materia oscura templada o caliente, que no trataré aquí.

8. El acelerador del universo

1. Nota para los lectores científicos: la segunda derivada del factor de escala cambió entonces de signo.

2. Crónica en France Inter del 21 de enero de 2010.

3. Sondeos SDSS y 2DF. Véase Eisenstein *et al.*, 2005; Cole *et al.*, 2005.

10. Arrugas en el espacio-tiempo

1. *Gravitational waves discovery now officially dead*: http://www.nature.com/news/gravitational-waves-discovery-now-officially-dead-1.16830 y www.lemonde.fr/sciences/article/2014/09/22/des-poussieres-brouillent-lecho-du-big-bang_4491761_1650684.html.

Epílogo. De los epiciclos a ΛCDM

1. Mi colega Stéphane Ilic me señaló la fuente de estos testimonios, un documento de conferencia publicado a finales de 2015: «Beyond ΛCDM: Problems, solutions, and the road ahead» (disponible en https://arxiv.org/ abs/1512.05356).

Referencias bibliográficas

Lecturas de profundización

ALIMI, Jean-Michel, *Pourquoi la nuit est-elle noire?*, París, Le Pommier, 2012.

BARRAU, Aurélien, *Big Bang et au-delà*, Malakoff, Dunod, 2019.

—, *De la vérité dans les sciences*, Malakoff, Dunod, 2019.

BERNARDEAU, Françis, *Cosmologie - des fondements théoriques aux observations*, París, EDP Sciences et CNRS éditions, 2007.

BERTONE, Gianfranco, *Le mystère de la matière noire*, Malakoff, Dunod, 2014.

BONTEMPS, Sylvain; LEHOUCQ, Roland, *Les idées noires de la physique*, París, Les Belles Lettres, 2016.

BRAHIC, André, *La science, une ambition pour la France*, París, Odile Jacob, 2012.

COMBES, Françoise, *La matière noire, clé de l'univers ?*, París, Vuibert, 2015.

—, *Mystères de la formation des galaxies: Vers une nouvelle physique?*, Malakoff, Dunod, 2008.

COMPTE-SPONVILLE, André; EUVÉ, François; LECOINTRE, Guillaume, *Dieu et la science*, Palaiseau, ENSTA, 2011.

COURTOIS, Hélène, *Voyage sur les flots de galaxies*, Malakoff, Dunod, 2020.

DODELSON, Scott, *Modern Cosmology*, Cambridge, Academic Press, 2003.

DOLE, Hervé, *La nuit n'est pas noire*, université Paris-Sud, Habilitation à diriger les recherches (HDR), 2010. http://www.ias.u-psud.fr/dole/hdr/ o http://tel.archives-ouvertes.fr/tel-00529539/fr/.

ELBAZ, David, *À la recherche de l'Univers invisible*, París, Odile Jacob, 2016.

HARWIT, Martin, *Cosmic Discovery: the Search, Scope, and Heritage of Astronomy*, Cambridge, MIT Press, 1984.

—, *In Search of the True Universe: The Tools, Shaping, and Cost of Cosmological Thought*, Cambridge, Cambridge University Press, 2013.

LECOINTRE, Guillaume, *Les sciences face aux créationnismes*, Quae, 2018.

LEQUEUX, James, *L'Univers dévoilé: Une histoire de l'astronomie de 1910 à aujourd'hui*, Les Ulis, EDP Sciences, 2005.

MO, Houjun; VAN DEN BOSCH, Frank; WHITE, Simon, *Formation and Evolution*, Cambridge, Cambridge University Press, 2011.

NAZÉ, Yaël, *Les couleurs de l'Univers*, París, Belin, 2005.

PETER, Patrick; UZAN, Jean-Philippe, *Cosmologie primordiale*, París, Belin, 2012.

POE, Edgar A., *Eurêka: L'univers selon Edgar Poe, Présenté par Jean-Pierre Luminet*, Malakoff, Dunod, 2017.

REEVES, Hubert, *Paciencia en el azul del cielo*, Barcelona, Ediciones Granica, 1982.

RIEKE, George H., *The Last of the Great Observatories: Spitzer and the Era of Faster, Better, Cheaper at NASA*, Tucson, University of Arizona press, 2006.

ROVELLI, Carlo, *El nacimiento del pensamiento científico: Anaximandro de Mileto*, Barcelona, Herder Editorial, 2018.

SCHNEIDER, Peter, *Extragalactic Astronomy and Cosmology, an Introduction*, Berlín, Springer, 2015.

WEINBERG, Steven, *Los tres primeros minutos del universo*, Madrid, Alianza Editorial, 2021.

Artículos de divulgación

DOLE, Hervé, «Comment devenir astrophysicien?»: https://theconversation.com/comment-devenir-astro physicien-118563.

—, «Le Prix Nobel de physique 2019 récompense une nouvelle vision de l'univers»: https://theconversation. com/le-prix-nobel-de-physique-2019-recompense-unenouvelle-vision-de-lunivers-124925

—, «Non, la nuit n'est pas noire», *Le Monde*, 24 junio 2012: http://www.lemonde.fr/idees/article/2012/ 06/25/non-la-nuit-n-est-pas-noire_1723675_3232.html

DOLE, Hervé; AGHANIM, Nabila, «Nouvelles révélations sur l'Univers —les découvertes de la mission Planck», *L'Astronomie*, vol. 127, octubre 2013, pp. 20-31.

DOLE, Hervé; AGHANIM, Nabila, *et al.*, «Un regard vers l'origine de l'Univers», *Plein Sud spécial Recherche* 2010/2011, pp. 16-27: http://www.pleinsud.u-psud.fr/special-recherche/

DOLE, Hervé; LAGACHE, Guilaine; PUGET, Jean-Loup, «Le fond infrarouge de galaxies livre ses secrets», images de la physique 2008, *CNRS*: http://www.cnrs.fr/publications/imagesdelaphysique/Auteurs2008/05_DLP.htm

Sitios web

DOLE, Hervé, «Big bang, dark matter, dark energy, and our culture», TEDx-HEC París, 4 abril 2019 (duración: 9 minutos): https://youtu.be/NYmDu-1HW6x0

—, «Pourquoi la nuit est-elle noire?», TEDx École Polytechnique, 23 abril 2015 (duración: 17 minutos): https://www.youtube.com/watch?v=WA0iOK6KXK0

—, «Planck et les origines de l'univers», noviembre 2018, Rencontres du Ciel et de l'Espace (duración: 1 hora): https://www.youtube.com/watch?v=CQZbLE3E9lg

—, «La nuit noire, les origines de l'univers, et le satellite Planck», ciclo Quid-quam, octubre 2015 (duración: aprox. 1 hora): https://www.youtube.com/watch?v=SgIeGfkhp1M

—, «Les fonds cosmique», Collège de France, 21 enero 2019 en el marco de los seminarios en la cátedra de cosmología de Françoise Combes: https://www.collegede-france.fr/site/francoise-combes/seminar-2019-01-21-17h45.htm

El satélite europeo Planck, sitio para el público en general en francés : http://www.planck.fr

Resultados científicos de la misión Planck: http://www.cosmos.esa.int/web/planck/publications

MISIÓN EUCLID: http://sci.esa.int/euclid/ y http://www. euclid-ec.org/ y https://euclid.cnes.fr/

PUGET, Jean-Loup, «The Shaw Prize», Lecture in Astronomy 2018 (duración: 1 h 15 + preguntas): https://youtu.be/2vQVJwiYdV0

Agradecimientos

Quisiera dar las gracias a mis colegas, cuyos debates y actividades de mediación científica y comunicación en torno a Planck y la cosmología han alimentado mis reflexiones sobre formas digeribles de presentar ciertos problemas contemporáneos de la cosmología al gran público. En particular: J.-L. Puget, N. Aghanim, M. Douspis, G. Lagache, J. Grain, M. Langer, M. Charra, G. Guyot, M.-A. Miville-Deschênes, F. Pajot, N. Ponthieu, L. Vibert, A. Chardin, G. Poulleau con quienes escribí artículos de divulgación que inspiraron los capítulos 5 y 6. Gracias a A. Beelen, A. Ferté, J.-J. Fourmond, A. Millard, V. Hervier, C. Dumesnil, A. Arondel, S. Caminade, F. Langlet, F. R. Bouchet, C. Renault, M. Rouzé, J.-J. Juillet, A. Prohic, K. Ganga, L. Jarmasson, J.-M. Lamarre, A. Riazuello, M. Béthermin, D. Elbaz, R. Lehoucq, J.-M. Bonnet-Bideau, P. Léna, C. Martinache, S. Ilic, H. Courtois. Un agradecimiento especial a G. Hurier, que elaboró algunas figuras didácticas.

Un agradecimiento especial a mis amigos M. Berry, F. Druon, A. y G. Mosca y K. Zeghal por su tiempo y sus sabios y amables consejos. Por último, gracias a los estudiantes, doctorandos, colegas, amigos, familiares, periodistas, alumnos, profesores y al amable público de las conferencias públicas que, en el curso de los debates o de las preguntas, me permitieron ensayar con ellos respuestas más o menos claras, ¡o simplemente por haberme aguantado!

Índice analítico